D1283042

# Orquídeas

# ORQUÍDEAS

*Fotografías* PAUL STAROSTA
*Texto* MICHEL PAUL

*Arriba*

***Maxillaria ubatabana*** (x 1)

# La orquídea

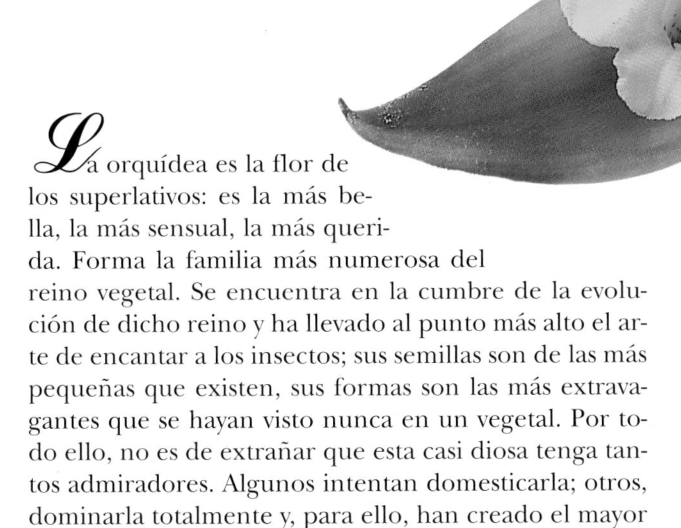

La orquídea es la flor de los superlativos: es la más bella, la más sensual, la más querida. Forma la familia más numerosa del reino vegetal. Se encuentra en la cumbre de la evolución de dicho reino y ha llevado al punto más alto el arte de encantar a los insectos; sus semillas son de las más pequeñas que existen, sus formas son las más extravagantes que se hayan visto nunca en un vegetal. Por todo ello, no es de extrañar que esta casi diosa tenga tantos admiradores. Algunos intentan domesticarla; otros, dominarla totalmente y, para ello, han creado el mayor número de híbridos existente.

## Una familia numerosa y sorprendente

Se conocen entre 25.000 y 30.000 especies de orquídeas, que constituyen la familia de las orquidáceas. Aunque no se perciba a simple vista, esta familia, vecina de las liláceas (tulipanes, lis), se caracteriza por la simetría bilateral y no radial de las flores. Es decir, que si se traza una línea imaginaria por el centro de la flor, a uno y otro lado quedan los mismos elementos (igual que sucede con el hombre: un brazo, un ojo... a cada lado), mientras que en una margarita, por ejemplo, los mismos elementos se organizan alrededor de un punto central. Otra particularidad es que en una flor de orquídea no se distinguen ni pistilo ni estambres, porque ambos están unidos en un órgano único de forma cilíndrica llamado ginostemo*. En el extremo de dicha columna central se encuentra un estigma* y lo que queda de los estambres en forma de dos a diez masas granulosas de polen sostenidas cada una por un pequeño pedúnculo. A estos granitos de polen se les llama polinios*. La corola está formada por tres pétalos, de los que el pétalo central o labelo* se distingue claramente de los otros dos por su forma, su color y su tamaño. Esta flor, por otra parte ya bien singular, completa su originalidad con tres sépalos que acostumbran a ser petaloideos (de color, como los pétalos) y no idénticos entre ellos.

Pero, ¿cuál es el motivo de tanta sofisticación? Teniendo en cuenta, por un lado, que las flores son los órganos destinados a atraer a los polinizadores y, por el otro, que las orquídeas son las flores más evolucionadas, se puede concluir que en esta familia se da la relación más perfecta entre los insectos y las flores.

## La orquídea y el insecto: un acuerdo perfecto

Si se observa de lejos algunas orquídeas europeas como las *ophrys*, se tiene a menudo la sensación de ver un insecto posado sobre ellas. Al acercarse, uno comprende cuál ha sido el error: lo que parecía un insecto era el labelo de la flor, con sus colores, su forma, su pilosidad. Por eso reciben el nombre de flor de abeja *(Ophrys apifera)*, *Ophrys insectifera*, *Ophrys holoserica*, orquídea de la araña, de avispa, de mosca, de abejón...

*Arriba*

*Lycaste aromatica* (x 1,2)

Si el hombre fuera el único en confundirse, a la flor no le serviría de nada este parecido. Pero los insectos también caen en la trampa. Los machos de una especie reconocerán sin duda a una hembra de su especie en un ejemplar de orquídea. Y por si les quedara alguna duda, la flor despide además el aroma exacto de esa hembra. El macho no duda y se precipita sobre lo que cree una hembra para intentar un apareamiento. Al hacer esto, choca contra los polinios de la flor, que se pegan, verticales sobre sus pedúnculos*, en la cabeza o el abdomen del insecto. Al no poder cumplir sus deseos, el macho, contrariado, parte con su cargamento en busca de otra conquista. En el intervalo de tiempo que tarda el insecto en dar con otra flor, los pequeños pedúnculos de los polinios que transporta se arquean de tal modo que los granos de polen se colocan ahora delante (en la cabeza) o detrás (en el abdomen), justo enfrente del estigma pegajoso de la flor, y sin problema se pegan en él. Si se hubieran quedado completamente verticales, la polinización no habría tenido lugar, como había sucedido en la primera flor, lo que evita la autofecundación.

Pero el refinamiento de esta estratagema puede ser aún más sutil. En el caso de algunos insectos, los machos nacen antes que las hembras. En cuanto nacen, piensan en asegurar su descendencia y sólo encuentran falsas hembras, con un perfume muy atrayente, posadas sobre una flor. En este momento, la orquídea no tiene rival.

No todas las orquídeas utilizan este sistema de engaño. Como la mayoría de las flores, muchas orquídeas se contentan con ofrecer néctar y perfumes... con el añadido de una pista de aterrizaje (el labelo) suficientemente grande y perfectamente balizada mediante el color y la forma para que el insecto pueda hallar sin problemas su recompensa (el néctar) y llevarse sin querer su cargamento (los polinios).

En algunas especies de orquídeas, si no las visita ningún insecto, los pedúnculos de los polinios se secan, para poner así en contacto el polen y el estigma de la misma flor. Nos hallamos, por tanto, ante una autofecundación. En otras, este fenómeno se produce incluso antes de que la flor haya tenido tiempo de abrirse. ¡En algunas especies la fecundación tiene lugar cuando la planta está todavía bajo tierra!

Si bien es cierto que las orquídeas son las más refinadas en el «amor», no se puede decir lo mismo de su «instinto maternal». Más bien al contrario, porque los vástagos tendrán pocas posibilidades de crecer.

## De la flor más compleja a la semilla más simple

Dos o tres días después de la polinización, si la fecundación no ha tenido éxito, la flor se marchita y cae. Si tiene éxito, los pétalos y los sépalos cambian de aspecto y se marchitan, pero se quedan asidos al ovario, situado detrás de la flor. Éste crece y da lugar a un fruto en forma de cápsula. Cuando está madura, lo que puede tardar entre cinco y quince meses, se agrieta y deja escapar un polvo constituido por miles, incluso cientos de miles de semillas. Son muy ligeras y la menor ráfaga de viento las transporta por el aire. Pero no contienen ninguna reserva nutritiva, por lo que son incapaces de germinar por sí solas. Para que la semilla de orquídea germine, debe invadirla un hongo que le aportará los elementos necesarios para su germinación y su desarrollo. Este puede subsistir en las raíces de la planta adulta, lo que permite que una orquídea desprovista de clorofila pueda vivir, como la *Neottia nidus-avis*. Este fenómeno es una verdadera simbiosis. Aunque la semilla pueda esperar la llegada del hongo un período de tiempo considerable, ello no suele ocurrir. Pocas semillas producen una nueva planta.

Reunidos todos los elementos, todavía habrá que esperar algunos años, hasta quince, antes de que la nueva planta adquiera la capacidad de reproducción.

## Sistemas de crecimiento y reproducción de la orquídea

Para las semillas ultraligeras, alcanzar la cima de un árbol no es ningún problema. Encontramos dos tipos diferentes de orquídeas: las terrestres, que se establecen en el suelo y las epífitas*, que se instalan en los árboles.

El crecimiento de estos puede dividirse en 2 categorías:

– Las que producen brotes a partir y al lado de los anteriores; su crecimiento es lateral.

*Arriba*

*Phalaenopsis schilleriana* (x 2)

– Las que producen brotes en el extremo de los de años anteriores, llamadas monopodiales; crecen en vertical.

Las combinaciones entre estos modos de vida explican la diversidad morfológica de los órganos.

## Las hojas, raíces, rizomas y otros pseudobulbos de la orquídea

**Las simpodiales**

Sobre el rizoma, tallo corto que se desarrolla bajo tierra (orquídeas terrestres), o sobre el soporte (orquídeas epífitas), las raíces brotan hacia abajo y los tallos y las hojas hacia arriba. La mayoría de las especies epífitas, como las *Cattleya, Laelia, Brassavola, Odontoglossum, Ansellia* o *Dendrobium* han transformado sus tallos en órganos de reserva que les permiten sobrevivir durante la estación seca. Estos tallos tienen formas variadas según las especies, pero siempre se trata de un abultamiento parecido a un bulbo, de ahí su nombre de pseudobulbos*. Las hojas brotan del extremo de los pseudobulbos. Normalmente, sólo salen una, dos o cuatro hojas de cada pseudobulbo, dependiendo de la especie. Muchas orquídeas terrestres, como las *Orchis* o las *Ophrys,* que pierden las hojas y los tallos durante la estación fría, también disponen de órganos de reserva, que se encuentran en medio de las raíces en forma de dos bulbos. Uno, ajado, ha permitido a la planta desarrollarse y el otro, nuevo, permitirá que las hojas y los tallos rebroten en primavera. Precisamente, la presencia de estos dos tubérculos, uno al lado del otro, es lo que les ha dado el nombre a las orquídeas, del griego *orchis,* que significa testículo.

En climas constantemente húmedos y calurosos, crecen especies terrestres que, al no necesitarlo, carecen de órgano de reserva. Ni siquiera tienen tallo, sólo hojas y escapos florales*. La variedad más conocida la constituyen las *Paphiopedilum.*

**Las monopodiales**

El tallo se alarga continuamente y puede llegar a medir varios metros, como el de la vainilla, por ejemplo, que es una liana. Aunque lo más común es que su tamaño sea más razonable, como en las *Vanda, Phalaenopsis, Angraecum, Aerides...* La hojas se disponen alternativamente una a cada lado del tallo. En la base, y repartidas a lo largo, encontramos las raíces.

**Hojas muy diversas**

Las hojas de la orquídea, siempre sencillas y con nervios longitudinales, tienen formas muy variadas según los géneros; ovaladas, lanceoladas, laciniadas o largas y cilíndricas... Pueden ser enormes o minúsculas y la planta puede, incluso, carecer de ellas.

Las especies que viven al sol tienen hojas gruesas *(Cattleya, Oncidium splendidum, Dendrobium linguiforme...)* y las que viven a la sombra, delgadas. Exceptuando algunos casos (ejemplo: *Eria velutina),* las hojas de la orquídea no son aterciopeladas. Algunas veces, cuando la planta carece de pseudobulbos, como es el caso de *Epidendrum parkinsonianum, Phalaenopsis gigantea* o *Pleurothallis,* las hojas desempeñan el papel de depósito de agua. Aunque sus tonos son mayoritariamente verdosos, hay hojas de otros colores. La cara inferior de las hojas de *Phalaenopsis schilleriana* es de color violeta y las hojas de *Macodes petola* tienen vetas doradas.

**Unas raíces muy sofisticadas**

Si bien las raíces de las orquídeas terrestres no tienen nada de extraordinario comparadas con las de otras plantas, con las raíces de las epífitas sucede todo lo contrario. En ambos casos, las raíces sirven para absorber agua y sales minerales, función que resulta más difícil de realizar en el aire que en la tierra. Por eso, las raíces de las orquídeas que viven

*Arriba*

*Encyclia prismatocarpa* (x 1,2)

*Arriba*

***Neottia nidus-avis*** (nido de pájaro) (x 1,2)

sobre los árboles están desarrolladas y diferenciadas. Acostumbran a tener forma cilíndrica y pueden suspenderse varios metros en busca de la humedad del aire. Para tal fin, su superficie externa se recubre de un tejido esponjoso (el velo) que les confiere ese tono gris plateado. Si las orquídeas estuvieran sólo posadas sobre una rama, cualquier ráfaga de viento o la sacudida de un animal las haría caer del árbol. Por este motivo, la segunda función de esas robustas raíces con un poder de penetración tan sorprendente es la de anclar sólidamente la planta a su soporte. En el caso de las orquídeas sin hojas *(Microcoelia, Chiloschista, Taeniophyllum)*, las raíces desempeñan una tercera función, la de sustituir a las hojas en su misión de asimilación, puesto que contienen clorofila.

Todas estas variaciones morfológicas muestran que la orquídea es una planta muy "maleable", lo que le permite adaptarse a numerosos medios. De hecho, se la puede encontrar en casi cualquier lugar.

## La orquídea ha colonizado el mundo

Las orquídeas están presentes en todos los continentes, excepto en la Antártida, y en cualquier lugar, menos en los desiertos. Se las puede encontrar incluso en regiones con bajas temperaturas y elevada humedad, como en Uruguay (ejemplo: *Oncidium bifolium*). En Nueva Zelanda, donde hiela, florece *Dendrobium cunninghamii;* en Tasmania y en Australia, las *Dendrobium* crecen en los peñascos (en este caso se utiliza el término de litófitas*). Más cerca de nuestras latitudes, destaca la admirable flora de orquídeas terrestres de los Alpes y los Pirineos. Pero, a medida que nos acercamos al ecuador, la mayoría de las orquídeas que encontramos son epífitas. Las orquídeas son muy numerosas en altitudes comprendidas entre los 1.100 y los 2.100 metros.

En África, las flores blancas son las más abundantes, mientras que en Asia, continente que posee el mayor número de especies, las flores son multicolores. Las de América, territorio elegido por las *Cattleya,* también son de muchos colores. Papúa tiene bonitas *Dendrobium* de un único color. El sur de China, con su flora himalaya, posee especímenes extraordinarios de *Paphiopedilum,* mientras que en Australia crece una interesante flora de orquídeas terrestres.

Algunos géneros crecen en una región concreta y en ningún otro lugar, aunque reúna las mismas condiciones. Las *Ondotonglossum* sólo están presentes en América del Sur, las *Vanda* en el sudeste asiático...

Bella, curiosa y universalmente repartida, la orquídea estaba destinada a ser explotada por el hombre.

## Una planta con múltiples usos

Con sus dos tubérculos subterráneos de inequívoca forma, es fácil comprender el uso que la medicina popular ha podido hacer de algunas orquídeas. En Turquía, aún hoy se utiliza el *salep,* producido a partir de las orquídeas secas. La vainilla es la orquídea más cultivada en el mundo por el aroma de sus frutos. Es, además, una fuente de divisas importante para los principales países que la producen, como Madagascar, las islas Comores, la isla de la Reunión... Se utiliza para aromatizar muchos alimentos y también en la fabricación de perfumes, aunque el cultivo de vainilla natural es inferior a la producción de vainilla sintética. Esperemos que ésta no la llegue a sustituir.
En China, los pseudobulbos de determinadas *Dendrobium* se utilizan en infusiones calmantes, mientras que en Corea se han descubierto sustancias anticance-

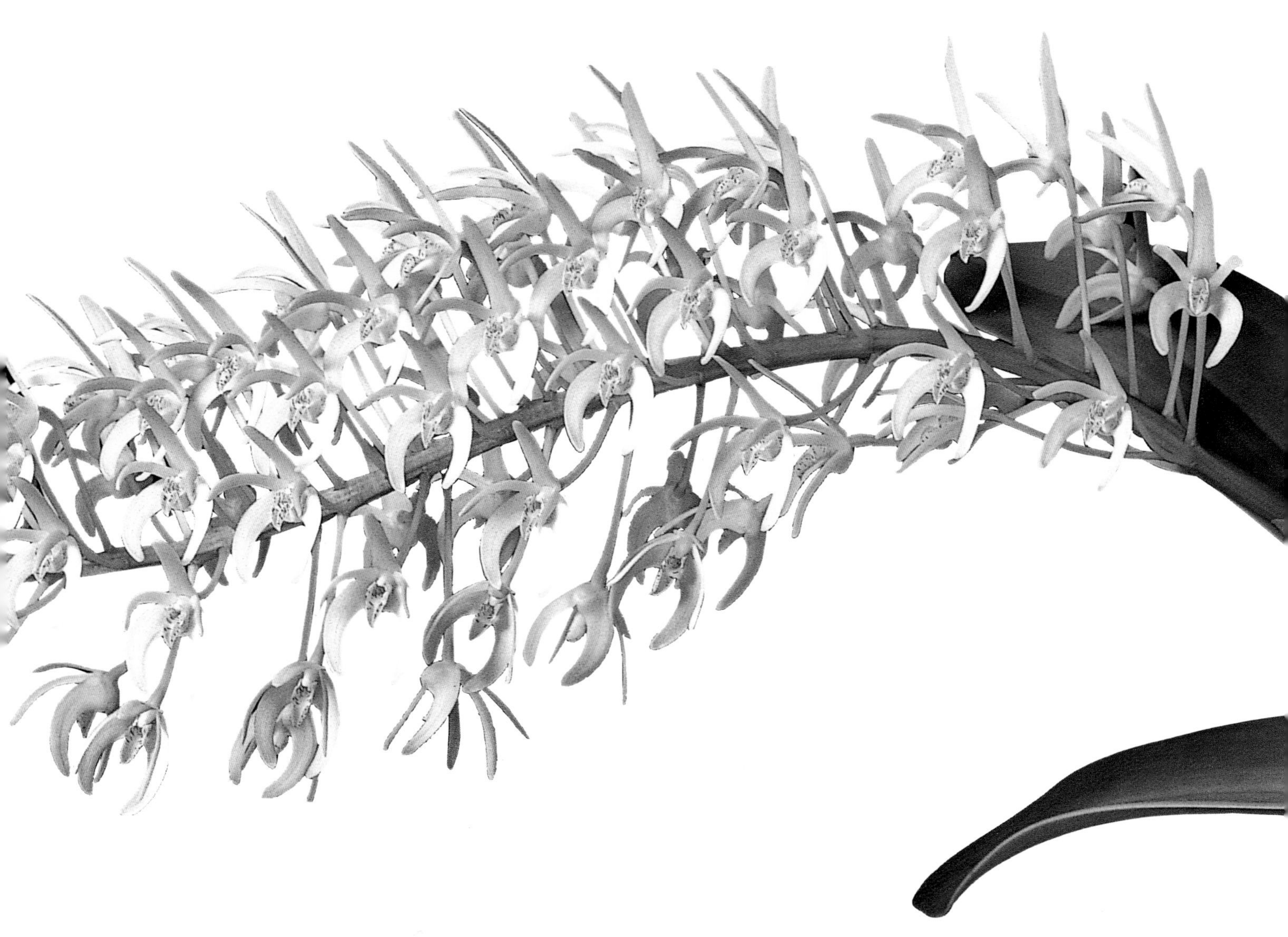

rosas en *Dendrobium nobile*. Por norma general, puede decirse que esta flor desempeña un importante papel en la vida cotidiana y en la religión. Los aborígenes australianos emplean el fruto de la *Cymbidium* como anticonceptivo. En las Antillas, *Bletia tuberosa* se utiliza contra los envenenamientos y los japoneses, con la savia de la *Bletilla*, producen una cola utilizada en las artes tradicionales. En Guatemala y Perú, las orquídeas están presentes en las ceremonias religiosas como ofrendas y elementos decorativos; para los guatemaltecos, *Cattleya skinneri* es la flor de San Sebastián. En Costa Rica, esta misma orquídea es la flor nacional, mientras que en Panamá, la flor nacional es *Peristeria elata*.

Las orquídeas han inspirado e inspiran aún a todo tipo de artistas (pintores, escultores, escritores...), aunque éstos las han tratado siempre como un simple objeto de admiración.

En 1698, se trajo la primera orquídea tropical *(Brassavola nodosa)* desde Curaçao hasta Holanda y, desde entonces, la atracción por estas flores no ha dejado de aumentar. Al principio se reservaron para algunos apasionados especialmente afortunados, que organizaban expediciones a fin de conseguir nuevos ejemplares para sus colecciones. Más tarde, con la mejora de los métodos de cultivo y en especial con el paso de la locomoción por aire caliente a la locomoción por vapor, mucho menos costosa, las orquídeas tropicales se volvieron cada vez más accesibles para un amplio público. Desde el final del siglo XIX, en la región de Gand, en Bélgica, se cultivan orquídeas a gran escala para obtener la flor cortada. Gand exporta sus *Cattleya*, *Odontoglossum* y *Paphiopedilum* a París, Berlín y hasta Moscú. En Inglaterra, cuna de las colecciones de orquídeas, cada castillo o mansión burguesa poseía uno o varios invernaderos con orquídeas. Las colecciones prosperaron y las orquídeas se empezaron a vender como objetos de arte en las subastas. En los Estados Unidos, Alemania y Francia existe el mismo entusiasmo.

*Arriba*

*Dendrobium speciasum* (x 0,8)

Todos los grandes horticultores han empezado a cultivar orquídeas.

Actualmente, Holanda es el primer productor europeo de orquídeas. Por debajo de los trópicos, Tailandia fue el primer país en desarrollar este cultivo, pero es Malasia el país que posee la mayor superficie de producción de orquídeas, mientras que Japón es el primer importador mundial de flores cortadas. En Europa, el primer lugar lo ocupa Italia. En cuanto a Francia, en 1993 se importaron ocho millones de tallos de orquídeas. Este floreciente mercado no trata sólo con especies botánicas, sino que los horticultores han fabricado también cientos de miles de especies híbridas. Esto convierte a la familia de las orquidáceas en la más rica tanto en especies como en híbridos. Estos últimos pueden ser simplemente el resultado del cruce entre dos especies vecinas, pero también pueden cruzarse dos géneros diferentes, e incluso tres o cuatro *(Vuylstekeara = Cochlioda x Miltonia x Odontoglossum x Oncidium)*.

Si bien no existe motivo para temer por las orquídeas cultivadas, la situación de las orquídeas que viven en la naturaleza es bien distinta. Su supervivencia corre peligro debido a la dramática destrucción de la selva tropical y, más cerca de nosotros, por la creciente urbanización a la que asistimos actualmente. Muchas especies no lo resistirán. Sin embargo, nos queda la esperanza de que dentro de algunos años el hombre se haya convertido en un ser menos destructor y pueda seguir descubriendo, igual que hoy, en un rincón de la selva, una nueva especie de esta maravillosa flor.

*Página izquierda*

***Cattleya*** Chocolate Drop 'Wakkii' (x 1,7)

*Arriba*

***Paphiopedilum fairieanum*** x ***holdenii*** (x 0,85)

*Página derecha*

***Aerangis biloba*** (x 0,85)

Su nombre viene del griego *aer,* aire, y *angos,* urna, en alusión a la forma del labelo. Muy expandido en África, comprende 60 especies de cultivo sencillo en invernadero entre templado y caliente. Ésta es una epífita de África occidental de gran parecido a la especie *Aerangis friesiorum* de Kenia; extremadamente florida, se cultiva en lámina de corcho y requiere un período de reposo entre junio y agosto.

*Arriba*

***Ada aurantiaca*** (x 1,35)

Este género comprende únicamente dos especies, de las que sólo se cultiva ésta. Es originaria de Colombia, donde crece a 2.000 metros de altitud. Por cruce, ha dado lugar a dos nuevos géneros: *Adaglossa (Ada x Odontoglossum)* y *Adioda (Ada x Cochlioda)*. Se trata de una planta de invernadero frío que florece sobre todo en invierno.

*Izquierda*

***Angraecum germinyanum***

(x 0,8)

Originaria de las islas Comores, esta pequeña planta frondosa se cultiva en lámina de corcho o en tiesto, en invernadero caliente. Las flores, de 4 cm, aparecen en invierno o en primavera, a veces incluso en otoño. La multiplicación se realiza mediante la división de la planta en primavera.

*Derecha*

***Angulocaste*** Olympus (x 0,75)

Es un híbrido entre *Anguloa* y *Lycaste* (*Angulocaste* Apollo x *Lycaste* Sunrise), creado en 1950 por Wyldcourt en Inglaterra. Se cultiva en invernadero templado.

*Izquierda*

***Arpophyllum spicatum*** (x 0,6)

Es un género epífito de América Central que fue descrito por Llave y Lexarza en 1825. Su nombre viene del griego *arpo,* hoz, y *phyllum,* hoja. Se conocen cinco especies, repartidas entre México y Colombia. Ésta es mexicana y se cultiva en invernadero templado o frío, siempre y cuando se la mantenga seca en invierno sin dejar que llegue a secarse.

*Página izquierda*

## *Ascocentrum miniatum* (x 1,35)

Esta miniatura epífita de Asia tropical es muy apreciada entre los aficionados. Se encuentra en Tailandia, Birmania, Malasia y Filipinas. El nombre viene del griego *askos,* "más allá de", y *kentron,* espuela, en alusión a su espuela abultada. Ha producido numerosos híbridos por cruce con las *Vanda, Aerides, Trichoglottis, Ascoglossum* y *Renanthera,* entre otras, lo que ha creado nuevos géneros: las *Lewisana, Robinara, Christieara, Kagawara, Mokara, Vascostylis...* Todas requieren mucha luz y son fáciles de cultivar en una vivienda o en invernadero caliente.

*Arriba*

## *Bepi orchidglades* (x 1,55)

Es un cruce entre *Brassavola nodosa* y *Epidendrum schomburgkii,* muy vigoroso en invernadero entre seco y caliente. Da numerosos brotes que se pueden trasplantar cuando sus raíces alcanzan los 3 cm de largo. Hay que procurar mantenerlo ligeramente húmedo, pero no seco. Florece casi todo el año.

*Arriba*

***Bletia purpurea*** (x 1,5)

Este género está dedicado a Luis Blet, botánico español. Son plantas entre epífitas y terrestres de la América tropical. Se cultivan en invernadero templado y necesitan un pequeño período de reposo entre agosto y septiembre. Su principal enemigo es la araña roja. Para trasplantarlas, se utiliza una mezcla de turba o arena con hojas de roble o haya descompuestas. Su floración es primaveral.

*Derecha*

***Brassia ochoroleuca*** (x 0,4)

Este género está compuesto por veinte especies de la América tropical, distribuidas desde Florida hasta Argentina. Debe su nombre a William Brass, dibujante de las plantas recogidas por Sir Joseph Banks. Esta especie es fácil de cultivar en invernadero templado, en una mezcla de turba y corteza de pino o sobre lámina de corcho. En invierno, es fundamental darle sólo el agua justa para evitar que se seque. Su floración es invernal.

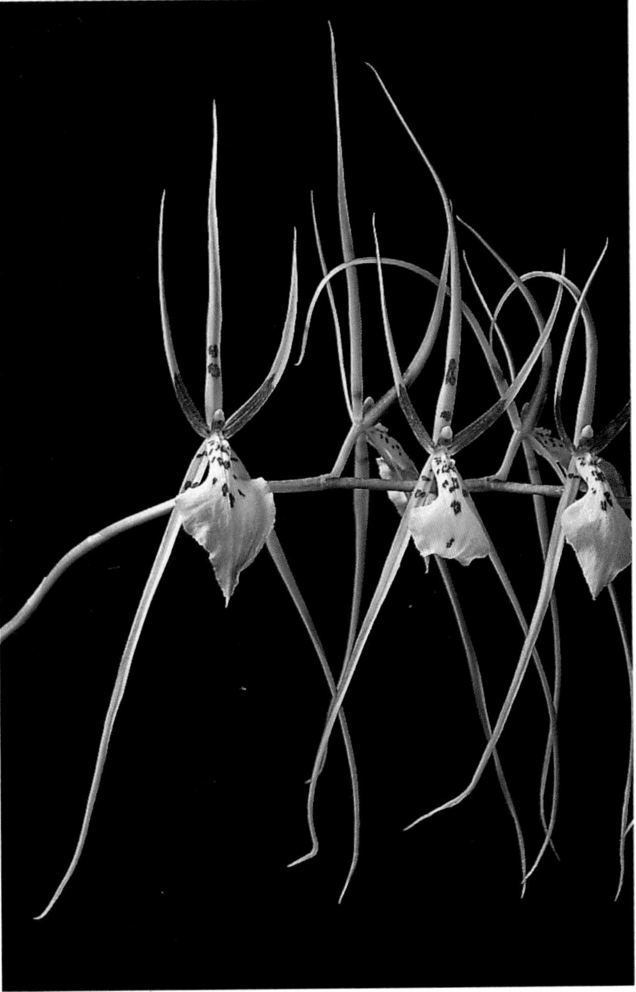

*Izquierda*

***Brassavola flagellaris*** (x 0,95)

Este género, creado por el botánico inglés R. Brown, fue dedicado a un caballero veneciano, Antonio Musa Brassavola. Está constituido por quince especies. Ésta, originaria de Brasil, es de fácil cultivo en invernadero templado y puede colocarse sobre lámina de corcho o colgada en una jardinera. Florece en otoño.

*Página derecha*

## *Bulbophyllum bequaertii* (x 2,25)

Del griego *bolbos,* bulba, y *phyllum,* hoja. Este género fue creado en 1822 por M. Aubert, de Petit Thouars. Está presente en todas las regiones tropicales del globo, sobre todo en Asia y Oceanía. Hoy en día, las especies que lo integran suman unas 1.200, divididas en varios subgéneros. Son unas plantas epífitas con pseudobulbos y una sola hoja. Se trata de una especie africana que puede encontrarse en Zaire y en Kenia (en la selva de Kakamega). Se cultiva sobre lámina de corcho, en invernadero entre caliente y templado y florece todo el año.

*Izquierda*

## *Brassocattleya* Déesse 'Perfection' (x 0,7)

Es un híbrido bigenérico* entre *Brassocattleya* Ferrières y *Cattleya* Lamartine creado por Vacherot en 1947. *Brassocattleya* Ferrières es un cruce entre *Brassocattleya digbyana* y *Cattleya* Dionysius creado por Chassaing, jardinero jefe del Castillo de Ferrières en Brie (Francia). *Cattleya* Dionysius es un cruce en el que la especie *Cattleya warscewiczii* es la dominante. Su floración se produce a finales de septiembre o principios de octubre, en invernadero entre templado y caliente. En una vivienda, necesita mucha luz y debe regarse una vez por semana.

*Arriba*

***Bulbophyllum umbellatum***

(x 1)

Especie variable y originaria de numerosas regiones. Ésta es procedente de Filipinas. Debe cultivarse en tiesto, a media sombra en verano y con mucha agua. Florece en abril y en junio en invernadero templado.

*Izquierda*

***Bulbophyllum ornatissimum***

(x 1,2)

Más conocida como *Cirrhopetalum ornatissimum* y originaria de la India (Assam), se cultiva sobre lámina de corcho o en tiesto, en invernadero templado. Florece en otoño. Debe mantenerse húmeda todo el año.

*Izquierda y página derecha*

***Bulbophyllum* Louis Sander**

(x 1) (x 0,75)

(x 0,55) (x 0,35)

(x 1)

Híbrido creado en 1936 por la legendaria familia de orquidófilos, establecida en Saint Albans (Inglaterra) y en Brujas (Bélgica), nacido del cruce entre *Bulbophyllum longissimum* y *Bulbophyllum ornatissimum*. Su cultivo es fácil en invernadero entre templado y caliente, florece en otoño y siempre debe mantenerse húmedo.

*Derecha*

## *Bulbophyllum purpureorhachis*

(x 1)

Es una planta vigorosa de Ruanda que crece en la selva húmeda del Parque Nacional de los Volcanes. Debe cultivarse en invernadero caliente y mantenerse húmeda todo el año. Su época de floración es la primavera.

*Izquierda*

## *Calanthe elmeri* (x 1)

Del griego *kalis,* bello, y *anthos,* flor, este género, que comprende 150 especies, se reparte de manera irregular por todo el globo, desde Sudáfrica y Madagascar hasta Australia y Tahití, pasando por la India, China, Japón, Indonesia y Nueva Caledonia. Está formado por plantas terrestres que pueden dividirse en dos grupos: las de hoja caduca y las de hoja perenne. Esta especie, originaria de Filipinas, donde crece tanto a nivel del mar como a 1.800 metros de altitud, florece entre enero y abril. Hay que trasplantarla cada año, regarla copiosamente, echarle abundante abono mientras esté creciendo y después, a partir de agosto, dejar de abonarla y mantenerla ligeramente húmeda en invierno. Se cultiva en invernadero caliente y en viviendas.

*Derecha*

## *Calanthe rosea* (x 1,15)

Planta terrestre de hoja caduca, de Tailandia. Durante su crecimiento, en invernadero caliente, necesita una buena fertilización y mucha luz. El riego debe ir disminuyéndose durante y después de la floración, y la planta debe mantenerse seca hasta finales de marzo.

*Derecha*

### *Cattleya bicolor* (x 0,7)

El género *Cattleya* es el más representativo de las orquídeas por su exotismo y su voluptuosidad. Descrito en 1821 por Lindley, éste se lo dedicó a William Cattley, célebre orquidófilo. Esta planta, presente en toda la América tropical, se divide en dos grupos: las bifoliadas y las unifoliadas. Las primeras son mexicanas o brasileñas y las segundas de Panamá, Colombia, Perú, Venezuela y Brasil. La popularidad de estas orquídeas a principios de siglo se debía, sobre todo, a su belleza. Esta especie proviene de Brasil. Desde hace mucho tiempo se utiliza en los cruces. Se cultiva en invernadero templado, con un 50% de luz en verano y a plena luz en invierno. Conviene no regarla demasiado durante el invierno.

*Página derecha*

### *Cattleya guttata* (x 2,2)

Planta muy bella, de una altura entre 70 y 100 cm. Existen diversas variedades, pero la más conocida es la *Cattleya guttata* v. *leopoldii*. Esta especie fue introducida en Europa en 1827 por Robert Gordon. Debe cultivarse en invernadero entre templado y caliente. Florece en verano.

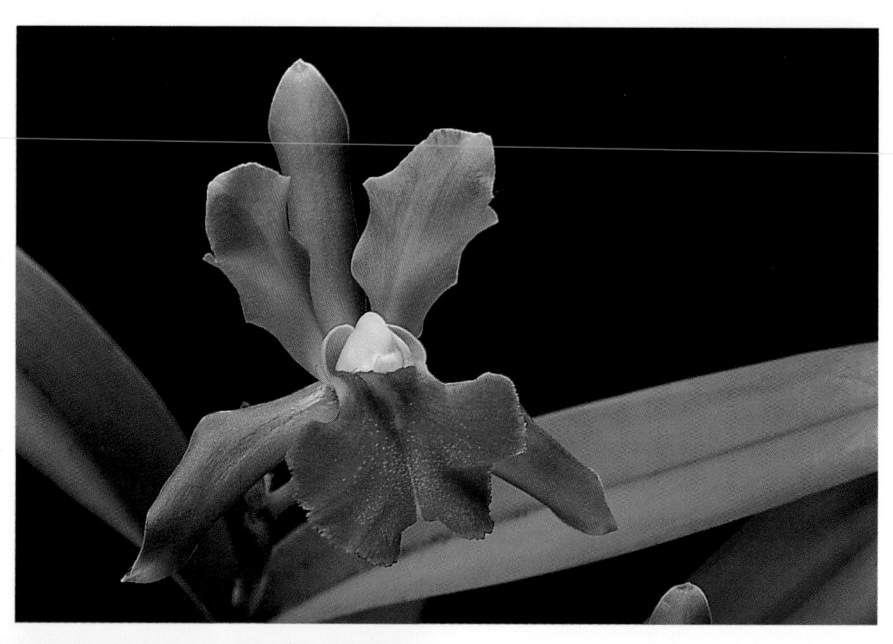

*Izquierda*

### *Cattleya guatemalensis* (x 0,7)

Híbrido natural entre *Cattleya aurantiaca* y *Cattleya skinneri,* es la flor nacional de Guatemala. Se presenta en una amplia variedad de colores, que van desde el granate hasta el amarillo oscuro. Es un cultivo de invernadero templado y no conviene regarla demasiado en invierno. Florece en primavera.

*Arriba*

## *Cattleya labiata*

v. *warneri* (x 0,9)

Sinónimo: *Cattleya warneri*. La especie *labiata* posee numerosas variedades, por lo que algunos especialistas la consideran un subgénero. Tomándola como base, se han creado miles de híbridos y aún hoy es muy buscada por los aficionados. Debe cultivarse en maceta con corteza de pino y en invernadero templado. En invierno, debe regarse de forma espaciada. Florece en otoño.

*Derecha*

## *Coelogyne cristata* (x 0,6)

Es la más cultivada de todas las *Coelogyne*. Proviene del Himalaya, donde crece en peñascos muy soleados orientados hacia el noroeste, o en bosque abierto, a una altitud de 1.600 a 2.700 metros. Allí, el invierno acostumbra a ser fresco, más o menos seco. A partir de junio, el monzón provoca fuertes lluvias durante varios meses. Por tanto, esta especie necesita mucha agua y abono en verano, así como estar casi a pleno sol. En invierno, se recomienda que esté a baja temperatura y con el sustrato ligeramente húmedo. Florece entre febrero y marzo.

*Abajo*

*Coelogyne fimbriata* (x 1,2)

Del griego *koilos*, cavidad, y *gune*, órgano. El género *Coelogyne* comprende 200 especies, que se extienden desde la India hasta el océano Pacífico. Es una planta pequeña, muy vigorosa. En invernadero templado y en vivienda, puede cultivarse en maceta o sobre lámina de corcho. Debe mantenerse siempre húmeda y su floración es en otoño.

*Izquierda*

### *Cymbidium dayanum* (x 1,55)

El género *Cymbidium* fue establecido por Olof Swartz en 1799. Comprende 50 especies, distribuidas por Asia tropical, India, China, Japón y Australia. El nombre viene del griego *kumbos,* cavidad, en una clara alusión a la forma del labelo. Posee especies de gran belleza con grandes flores, que han servido y sirven aún en horticultura para crear numerosos híbridos. Esta especie es una epífita con flores colgantes del norte de Tailandia. Debe cultivarse en tiestos colgados, en invernadero caliente, donde florece en verano.

*Derecha*

### *Dactylorhiza maculata* (x 0,65)

Del griego *dactylo,* dedo, y *rhiza,* raíz, este género es euroasiático. Lo integran 49 especies repartidas entre Escandinavia y el norte de África, pasando por el Himalaya, la isla de Madeira, Islandia e incluso Alaska. Esta especie puede encontrarse en los pantanos, los montes y las zonas poco arboladas de Europa Central, pero hay que contentarse con admirarla, pues es una planta protegida.

*Página izquierda*

### *Coelogyne speciosa* (x 2)

Esta planta de invernadero caliente produce grandes flores, muy curiosas, entre otoño e invierno. Sin embargo, si se es lo suficientemente hábil, puede florecer en junio. Basta con disminuir el riego después de que el pseudobulbo madure.

*Derecha y arriba*

***Dendrobium amabile*** (x 0,55 y x 0,4)

Sinónimo: *Dendrobium bronckartii.* Establecido en 1799 por el sueco Olof Swartz, el nombre de este género, *Dendrobium,* viene del griego *dendron,* árbol, y *bios,* vida (vive en los árboles). Hoy en día, existen entre 200 y 300 especies que se distribuyen desde las regiones templadas de Japón hasta Australia, pasando por las regiones tropicales de Asia y Nueva Zelanda *(Dendrobium cunninghamii),* donde las noches de invierno son muy frías. Esta especie, originaria de Vietnam, debe cultivarse en invernadero templado. En invierno, si las temperaturas son muy bajas, hay que mantenerla seca. Florece en primavera.

*Izquierda*

## *Dendrobium anosmum* (x 1)

Es una especie presente en Malasia, Vietnam y Filipinas (en la región de Banaue, en la provincia de Luzón, cerca de los famosos arrozales). En la frontera montañosa entre Malasia y Tailandia, se puede encontrar un tipo diferente de *Dendrobium anosmum*. Esta epífita se cultiva en invernadero templado, sobre lámina de corcho o en cesto. Hay que mantenerla ligeramente húmeda en invierno y seca desde marzo hasta la primera quincena de abril. La floración se produce en primavera.

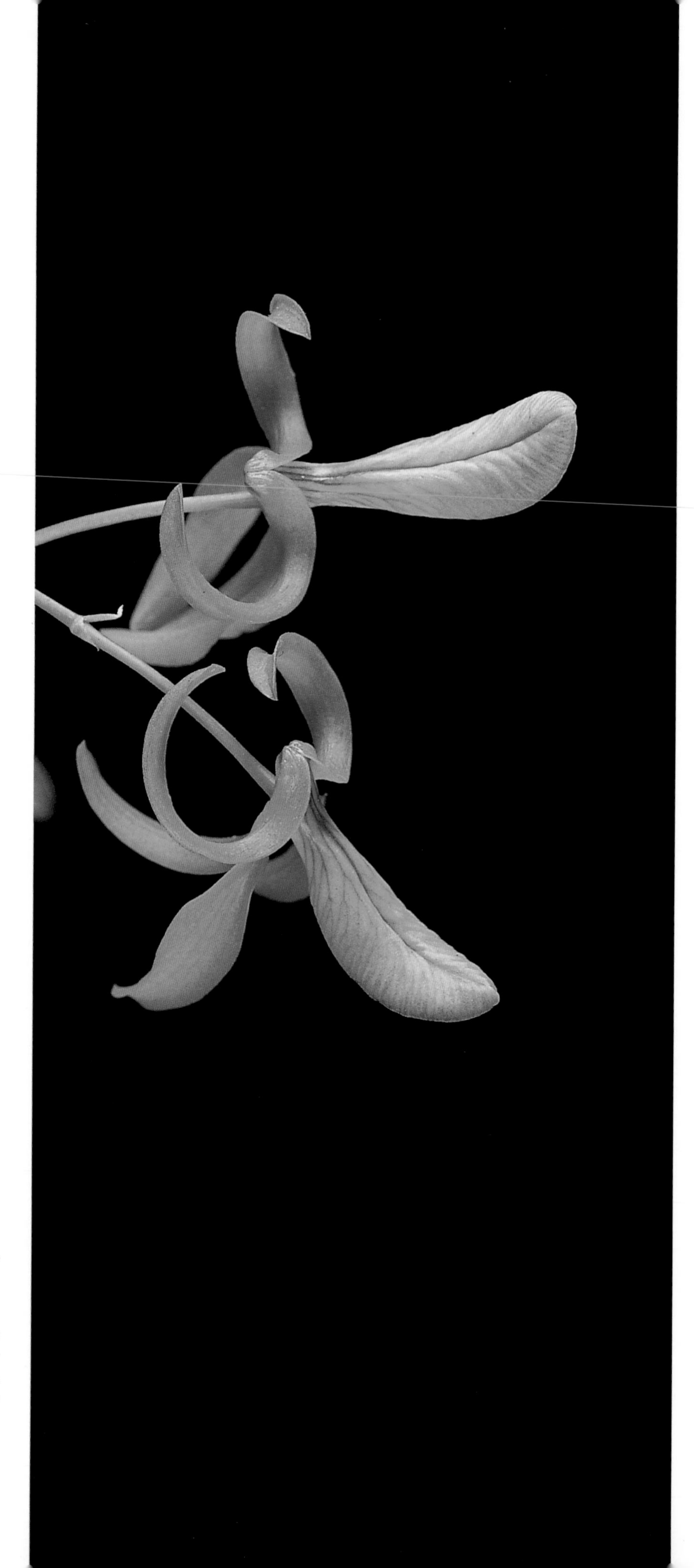

*Derecha*

***Dendrobium arachnites*** (x 2)

Pequeña planta de Tailandia y Birmania que requiere invernadero caliente o incluso templado sobre lámina de corcho. Debe mantenerse menos húmeda entre febrero y marzo.

*Izquierda*

## *Dendrobium eriaflorum* (x 0,75)

Especie diferente de las otras *Dendrobium,* se la encuentra con facilidad en el este de Java, a una altitud de 1.200 a 1.800 metros. También está presente en Birmania y Malasia, donde crece en las ramas de árboles aislados. Se cultiva en invernadero templado y debe mantenerse ligeramente húmeda en invierno. Su floración es otoñal.

*Abajo*

## *Dendrobium nobile* (x 1,35)

Es la especie más popular de todo el género. Originaria de las regiones montañosas de la India y también de la cordillera del Himalaya, se divide entre el invernadero frío y el templado. Su cultivo es sencillo: mucha luz, riego y abono después de la floración. De julio a marzo se suprime el abono y en octubre se trasladan las plantas al invernadero frío. En enero, se devuelven al templado, donde los capullos florecerán cuatro o cinco semanas más tarde. Debe regarse de forma moderada.

Los primeros híbridos fueron obtenidos por los cultivadores ingleses después de treinta años, aunque los ejemplares más bellos provienen de Japón.

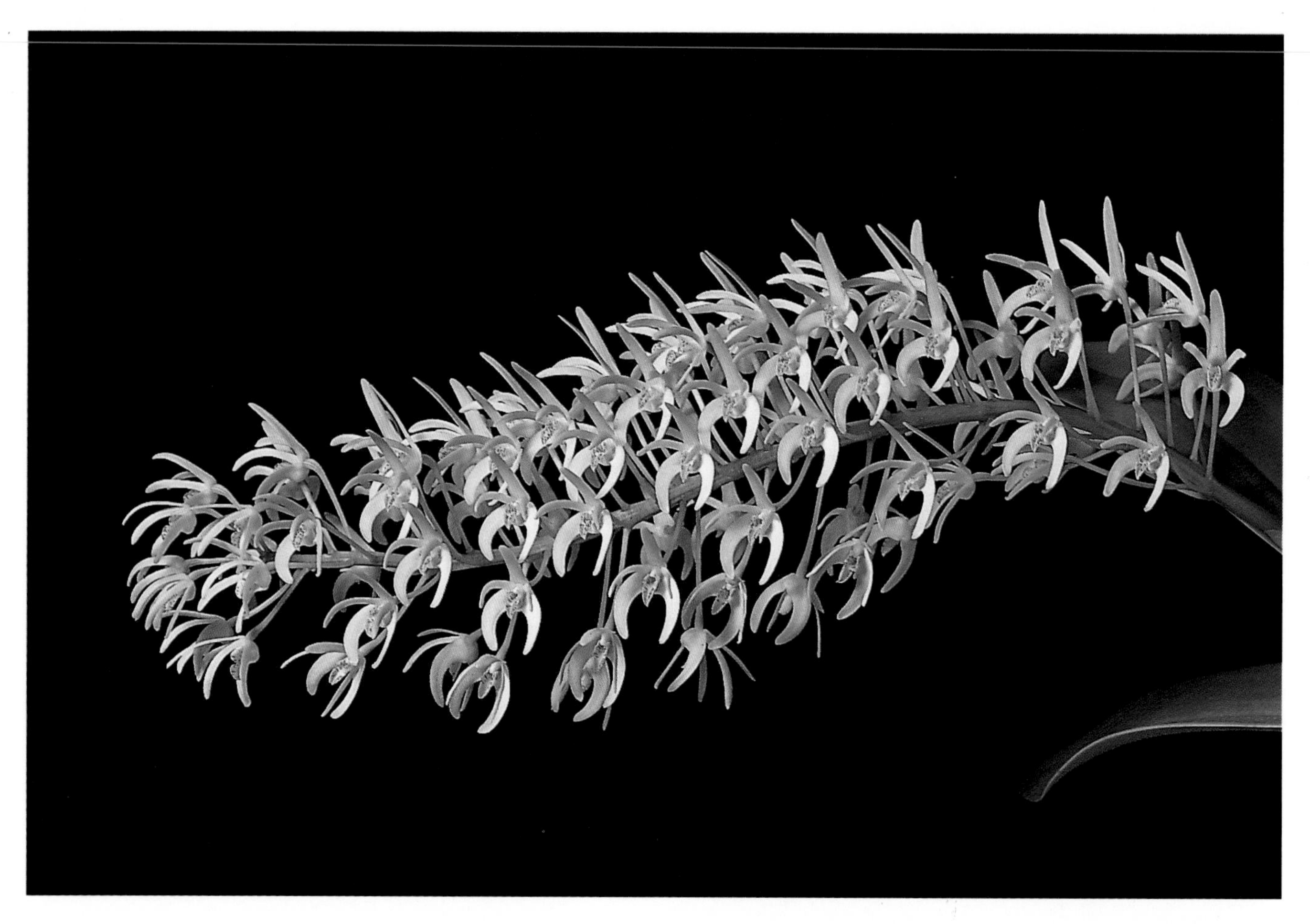

*Arriba*

*Dendrobium speciosum* (x 0,5)

Esta planta australiana, muy vigorosa, que produce grandes tallos florales, debe cultivarse en invernadero frío y mantenerse ligeramente húmeda. La temperatura después de noviembre debe ser la más baja posible, alrededor de 10°C. Sólo de este modo se obtendrá una auténtica floración a finales del invierno.

*Derecha*

**Dendrochilum glumaceum** (x 1,15)

Del griego *dendro,* árbol, y *chilos,* labelo, este género comprende 150 especies repartidas por el sudeste asiático. La *glumaceum* es originaria de Filipinas, donde crece en los peñascos y los árboles. Se cultiva en invernadero templado.

*Izquierda*

**Dendrobium tenuissimum**

Especie epífita de Australia, de las costas de Nueva Gales del Sur y de los bosques húmedos de Queensland, donde crece a una altitud de 1.000 metros. Se debe cultivar sobre lámina de corcho en invernadero entre templado y frío. Florece en primavera.

*Izquierda*

**Disa uniflora** (x 0,55)

Sinónimo: "Pride of Table mountain". Es la más bella de las orquídeas terrestres del sur de África. Su nombre latino alude al enorme colorido de la flor. El género comprende 133 especies. Crece en los desfiladeros, a lo largo de los saltos de agua y de los riachuelos, a la sombra o a pleno sol, a una altitud de 100 a 1.200 metros. Las *Disa* son difíciles de cultivar, aunque, aquí y allá, algunos orquidófilos obtienen buenos resultados. La dificultad reside, sobre todo, en la composición mineralógica del medio de cultivo.

*Derecha*

**Doritis pulcherrima** (x 0,75)

Del griego *dory,* lanza, en alusión al labelo puntiagudo, o de Doritis, otro nombre de Afrodita. Este género está constituido por una sola especie. Es una planta epífita de Asia, desde la India hasta Filipinas, que debe cultivarse en invernadero entre templado y caliente. Se utiliza a menudo para hibridaciones con las *Phalaenopsis,* de las que resulta un híbrido bigenérico llamado *Doritaenopsis.* La floración tiene lugar de agosto a noviembre.

*Página izquierda*

**Dendrochilum magnum** (x 0,65)

Esta epífita, de la región de Luzón, en Filipinas, es una planta fuerte, de hojas largas y con una inflorescencia muy bella. Se cultiva a media sombra, en invernadero templado.

Derecha

### *Encyclia brassavolae* (x 1)

Este género de la América tropical comprende 150 especies. Debe su nombre al griego *enkyklein,* cercar, en alusión al labelo que rodea la columna. En general, crece en las regiones soleadas, en la selva abierta de México y Guatemala. Se debe cultivar en invernadero frío, aireado y luminoso. Como ocurre con las demás *Encyclia,* hay que mantenerla seca en invierno. Su floración es estival.

Izquierda

### *Dracula chimaera* (x 0,75)

Género establecido por Carlyle A. Luer en 1978, fecha en la que se diferenció de las *Masdevallia.* Formado por 60 especies originarias de los Andes, es un género de invernadero frío. Durante los meses de verano debe mantenerse a la sombra, o bien sumirlo en una niebla artificial durante el día.

La flor de la foto corresponde a una especie pequeña y muy bonita, con unas flores de gran belleza, que se pueden contemplar en verano y en invierno.

*Izquierda*

***Encyclia cochleata*** (x 1,5)

Esta epífita crece en México, en el Caribe y hasta en Venezuela. Es bastante común en cultivo, donde florece de marzo a noviembre, en invernadero templado o, incluso, en vivienda (fácil cultivo).

*Página doble precedente y derecha*

## *Epidendrum ibaguense*

(x 1,7; x 1,7; x 1,7)

(x 1,7; x 1,7; x 1,7)

(x 0,9)

Sinónimo: *Epidendrum radicans.* Esta planta, que comprende 30 subespecies, crece en Panamá, a lo largo de las carreteras de Bolivia y en Perú, en el valle de Chanchamayo. Las variaciones son importantes, según el origen geográfico y el lugar en el que crezca. Se cultiva en los países tropicales y se utiliza como flor cortada y en decoración. En invernadero templado o en una vivienda, requiere mucha luz (casi pleno sol). Su floración se produce de marzo a noviembre. El híbrido más extendido es el *Epidendrum obrienianum* (*Epidendrum radicans* x *Epidendrum erectum,* 1888).

*Izquierda*

## *Epidendrum pseudepidendrum*

(x 1)

Las *Epidendrum* son todas americanas, terrestres o epífitas, y de formas variadas. Se cuentan 500 especies. Su nombre viene del griego, *epi,* sobre, y *dendron,* árbol. Esta planta puede alcanzar hasta 2,50 metros de altura. Cultivada en invernadero caliente y con mucha luz, florece de marzo a octubre.

*Abajo*

### *Epipactis atrorubens* (x 3,15)

Este género compuesto por 36 especies es euroasiático, con una especie americana y una africana. Se encuentra en las regiones templadas de Europa. El ejemplar de la ilustración, bastante común, crece en los claros muy descubiertos o entre la maleza, en suelo calcáreo (de media sombra a pleno sol). Se trata de una planta protegida.

*Derecha*

### *Dendrolirium albidotomentosum*

(x 0,55)

Este género, denominado anteriormente *Eria,* ha pasado a llamarse *Dendrolirium* (descrito por Carl Blume en 1825) en la nueva nomenclatura. Comprende 13 especies, del este de Asia, Malasia, Indonesia y Vietnam. Ésta es una epífita de invernadero caliente que florece en otoño.

*Izquierda*

## *Laelia crispata* (x 0,6)

Dedicado a Cauis Laelius, este género es muy próximo al de las *Cattleya,* del que se diferencia por el número de polinios. Las *Cattleya* tienen cuatro, mientras que las *Laelia* cuentan con ocho polinios. Se suelen crear muchos híbridos entre las *Laelia* y las *Cattleya,* llamados *Laeliocattleya.* Esta especie es una epífita de Brasil, que debe cultivarse en invernadero templado, donde florece en otoño y, a veces, en primavera.

*Derecha*

## *Laelia pumila* (x 0,85)

Esta especie brasileña se localiza en el delta del río Paraiba, al norte de Río de Janeiro, y en las regiones de Espirito Santo y Minas Gerais. Crece en lo alto de los árboles, pero también al lado de los saltos de agua, donde el cielo acostumbra a estar cubierto. Se cultiva en invernadero templado con mucha luz y un poco de humedad en invierno. Su floración es otoñal.

*Página derecha*

## *Leptotes bicolor* (x 3,9)

Éste es un pequeñísimo género brasileño compuesto sólo por dos especies. Esta planta enana produce bellas flores en otoño y en invierno. Originaria de la región de Minas Gerais, en Brasil, debe cultivarse en lámina de corcho o en tiesto pequeño con corteza de pino, en invernadero templado. Conviene no regarla demasiado en invierno.

*Derecha*

## *Lemboglossum bictoniense* (x 1,34)

En 1984, el botánico mexicano Halbinger diferenció este género del *Odontoglossum*. Especie originaria de México, Guatemala y El Salvador, es un epífito de invernadero templado, a media sombra. Ha sido utilizado en la creación de híbridos con ejemplares de *Brassia, Oncidium, Miltonia,* etc. En las regiones mediterráneas, puede cultivarse de abril a noviembre, en el exterior y a la sombra. Florece en otoño.

*Izquierda*

***Listrostachys pertusa*** (x 0,55)

Del griego *listron,* binador, y *stakus,* espiga. Epífita de las selvas húmedas de África tropical (Sierra Leona, Togo y Zaire), crece bajo la sombra de los árboles. Debe cultivarse en maceta, en invernadero caliente, donde florece en invierno.

*Derecha*

***Lockhartia oerstedii*** (x 1)

Este género está dedicado a David Lockhart, director del Royal Botanic Garden de Trinidad. Es un género americano, que se encuentra en las regiones tropicales y subtropicales, desde México hasta Bolivia. Está formado por 30 especies. Esta epífita de selva densa y húmeda crece a 1.100 metros de altitud. Se cultiva en lámina de corcho o en maceta pequeña, en invernadero templado. Debe rociarse y regarse abundantemente en verano. Florece de primavera a otoño.

*Izquierda*

***Ludisia discolor*** (x 2)

Sinónimo: *Haemeria discolor.* Es una pequeña planta terrestre de Asia, muy decorativa y de fácil cultivo en invernadero caliente. Se desqueja sin problemas en septiembre. Debe cultivarse en tiesto pequeño o en canastillo, en una mezcla de musgo y arena o de turba amarilla y mantillo de hojas de haya o de roble. Sobre todo, se debe mantener a la sombra. Cultivada y multiplicada en gran cantidad en los Países Bajos, florece en invierno.

*Página derecha*

***Masdevallia coccinea*** (x 2,43)

Este género, dedicado a José Masdevall, botánico español del siglo XVIII, comprende 275 especies que crecen entre los 2.500 y los 4.000 metros de altitud, en la cordillera de los Andes. El cultivo de la flor de la foto está muy extendido entre los aficionados y también es muy común cultivarla para obtener la flor cortada, en invernadero frío y manteniéndola húmeda. Florece de verano a invierno.

*Arriba*

***Lycaste skinneri*** (x 1,2)

Este género comprende 35 especies. La *skinneri* es una epífita de América Central que crece a 2.000 metros de altitud en Honduras, Guatemala, El Salvador y Chiapas. Esta planta ha producido numerosos híbridos con grandes variaciones de color. Se debe cultivar en invernadero templado, sin mojarla demasiado en invierno. Florece de diciembre a junio.

*Página derecha*

### *Masdevallia ignea* (x 2,35)

Se trata de una bella especie muy resistente de Colombia, que ha producido híbridos de gran belleza. Se cultiva en invernadero frío y se debe proteger de los fuertes calores estivales. Es importante ensombrecerla lo suficiente. Su floración es invernal.

*Derecha*

### *Masdevallia infracta* (x 2,5)

Es una pequeña planta de Brasil, fácil de cultivar en invernadero templado manteniéndola húmeda todo el año. Existen diversas variedades. Florece entre otoño e invierno.

Derecha

***Masdevallia kimballiana*** (x 2)

Es un híbrido entre *Masdevallia caudata* y *Masdevallia veitchiana*, creado en 1893 por Sander en Saint Albans (Inglaterra). Crece fácilmente y produce muchas hojas y flores, lo que es muy apreciado por los aficionados. Se debe cultivar en invernadero frío, donde florece casi todo el año.

*Izquierda*

### *Masdevallia polysticta* (x 1,3)

Planta de Perú que crece a una altitud de 2.500 metros y se caracteriza por sus escapos florales (varias flores por tallo). Debe cultivarse en maceta, en invernadero frío y trasplantarse a menudo según el modo en que va creciendo (siempre en altura). Florece en invierno y en primavera.

*Izquierda*

***Masdevallia veitchiana*** (x 0,7)

Es la más bella de todas las *Masdevallia.* Crece a 3.500 metros de altitud en la región de Urubamba y de Machu Picchu, en Perú. Necesita mucha humedad y sombra en verano para evitar las altas temperaturas. Ha producido híbridos muy hermosos.

*Derecha*

***Maxillaria elegantula*** (x 0,85)

Viene de la palabra latina *maxilla,* mandíbula, en alusión a la forma del labelo. Describir el género *Maxillaria* es muy difícil porque agrupa a más de 250 especies. Sólo en Perú se encuentran 32 de ellas, 65 en Colombia y 30 en la Guayana Francesa. Este género se distribuye desde Florida hasta Argentina, pasando por todos los países tropicales y subtropicales. Esta especie, de invernadero frío, debe mantenerse ligeramente húmeda en invierno. Florece en otoño.

*Página derecha*

***Miltonioïdes warscewiczii*** (x 3)

Sinónimo: *Oncidium warscewiczii.* Esta especie, tras haber sido clasificada en distintos géneros, integra ahora, en solitario, este género. Es una epífita de Costa Rica. Suele cruzarse con *Oncidium, Brassia, Odontoglossum* y *Aspasia.* Se cultiva en invernadero templado, a media sombra, donde florece en verano y otoño.

*Derecha*

***Neobenthamia gracilis*** (x 1,35)

Esta planta terrestre originaria de Tanzania, que puede alcanzar los 2 metros de altura, forma un racimo de flores terminales. Crece a pleno sol y debe cultivarse en invernadero entre templado y frío. Florece en otoño e invierno después de un corto período de reposo.

*Izquierda*

**Neomoorea wallisii** (x 0,4)

Recibe este nombre en honor a F. Moore, cuidador del Jardín Botánico de Glasnevin, de Dublín. Es una planta terrestre, fuerte, con grandes pseudobulbos y hojas de un metro de largo. Crece en las regiones montañosas de Panamá y Colombia. Necesita un invernadero caliente y debe mantenerse en un período de reposo desde octubre hasta diciembre. Florece de febrero a abril.

*Derecha*

**Odontoglossum pulchellum** (x 1,2)

Del griego *odonto,* diente, y *glossa,* lengua, en alusión a la forma del labelo. Este género americano comprende 58 especies. Se extiende desde México hasta Bolivia. Muchas especies mexicanas han pasado a considerarse miembros del género *Lemboglossum.* Algunos botánicos consideran que ésta en concreto pertenece al género *Osmoglossum.* Es una pequeña planta de América Central que crece en selva abierta, pero húmeda y fría, con un período seco. Se cultiva en invernadero frío, en tiestos no muy grandes, y debe regarse bastante mientras está creciendo (conviene disminuir el riego en invierno). Floración de marzo a mayo.

*Izquierda*

### *Odontoglossum pumilum* (x 0,25)

Es una de las numerosas especies peruanas que crece a gran altitud, en selva nebulosa. Los tallos son largos, con florecitas pequeñas y curiosas. Debe cultivarse en invernadero frío y mantenerse ligeramente húmeda durante todo el año. Su floración es otoñal.

*Abajo*

### *Oerstedella centradenia* (x 1,6)

Nombre dedicado a A.S. Oersted, botánico danés. Se trata de un pequeño género formado por 18 especies originarias de América Central. Su nomenclatura varía según los autores. La foto muestra una epífita que desarrolla grandes raíces en proporción a su tamaño. Su cultivo requiere invernadero templado, a media sombra, y debe evitarse el riego abundante en invierno. Florece en invierno y primavera.

*Izquierda*

***Oncidium blanchettii*** (x 1,75)

Género establecido por Olof Swartz en 1793, a partir de la descripción de *oncidium altissimum.* El nombre viene del griego *onkos,* tumor, en alusión a las verrugas del labelo. Desde entonces, el número de *Oncidium* ha sido revisado en múltiples ocasiones por los grandes botánicos, que aún no han dicho la última palabra al respecto. El género es americano y se extiende por todas las regiones tropicales y subtropicales del continente. Presenta una gran diversidad: desde las plantas que crecen en las copas de los árboles de la Amazonia, hasta las que se encuentran en el sur de Brasil, donde algunos inviernos son muy duros. Pueden ser terrestres o epífitas. Ésta es brasileña y crece en los peñascos de las montañas de Minas Gerais. Se cultiva en invernadero frío, con poco riego en invierno. Florece en otoño.

*Arriba*

*Oncidium carthagenense* (x 2)

Especie muy extendida, con pequeños pseudobulbos y grandes hojas, que crece en selva muy abierta entre los 500 y los 1.000 metros. Es muy variable según su origen geográfico. Se debe cultivar en cesto colgado o sobre lámina de corcho, en invernadero entre templado y caliente. Las flores brotan en verano sobre largos tallos florales.

*Abajo*

***Oncidium macranthum*** (x 1,25)

Ésta es una bella especie originaria de Perú y de Colombia, que crece fácilmente en invernadero frío y florece en otoño. Produce un largo escapo floral con racimos dispersos de tres o cuatro flores. Debe prestarse especial atención al riego en invierno.

*Página izquierda*

### *Oncidium ornithorhynchum*

(x 2)

Pequeña planta de América Central que crece en ramilletes con escapos florales bien cargados y muy perfumados, con olor a vainilla. Puede cultivarse en invernadero templado e, incluso, en vivienda. Se utiliza para crear diversos híbridos como el *Oncidium* Jamie Sutton, que en 1983 produjo el *Oncidium* Sharry Baby por hibridación con el *Oncidium* Honolulu.

*Arriba*

### *Ophrys bombyliflora* (x 7)

Es la más bella de las orquídeas terrestres. Este género está presente en todas las costas europeas, desde el sur de Escandinavia hasta el norte de Marruecos y desde la cuenca del Mediterráneo hasta el mar Caspio. Comprende 50 especies. La regulación europea para la protección de la naturaleza prohibió comerciar con ella y destruirla. Florece en primavera.

*Página derecha*

***Paphiopedilum callosum*** (x 1,65)

El nombre del género viene del griego *paphos,* uno de los nombres que recibía Afrodita, y *pédilon,* sandalia. Fue establecido por Pfitzer en 1903. Con el tiempo, los horticultores las han dividido en dos grupos: las de hoja verde, de invernadero entre templado y frío, y las de hoja jaspeada, de invernadero entre caliente y templado. Esta especie es originaria de Camboya y Tailandia. Es una planta robusta y representativa del género, que florece con facilidad. Hay que mantenerla húmeda todo el año, a una temperatura entre los 12°C por la noche y los 18°C durante el día. Florece de febrero a marzo, pero también de agosto a octubre.

*Arriba*

***Ornithidium coccineum*** (x 2,15)

Del griego *ornithidion,* pajarito. Este género está formado por 35 especies. Ésta, en concreto, crece en las montañas tropicales de Jamaica, Cuba, Trinidad, Perú, Colombia y Brasil. En invernadero caliente, a media sombra, requiere un período de reposo para favorecer la aparición de capullos. Su floración se produce en invierno.

*Izquierda*

### *Paphiopedilum esquirolei* (x 0,8)

Introducida por Esquirol en 1912, algunos autores la consideran una variedad de la especie *hirsutissimum*. Está presente en el norte de Tailandia, pero también en la región de Guizhou, en China. Es una planta de invernadero caliente que exige mucha luz y reposo en invierno. En dicha estación, debe mantenerse un poco húmeda durante seis semanas. La floración se produce entre abril y mayo. El género *Paphiopedilum* agrupa a sesenta especies de Asia, que se encuentran repartidas desde la cordillera del Himalaya hasta Nueva Guinea y las islas Salomón.

*Derecha*

### *Paphiopedilum henryanum*

(x 1)

Esta especie fue descubierta hace unos años en la China meridional. Muchas otras se han descubierto desde entonces en la meseta de Guizhou. Este ejemplar proviene de las alturas de Na Po (región calcárea), donde las temperaturas estivales alcanzan los 35°C. En invierno, la temperatura desciende a 15°C, o incluso hasta 0°C. Debe cultivarse en invernadero templado. En esta región, más bien seca en verano, las lluvias son fuertes en otoño. Florece en noviembre.

*Arriba*

***Paphiopedilum haynaldianum***

(x 0,9)

Es una planta multiflora (con varias flores en un tallo), originaria de las regiones montañosas de las provincias de Luzón y Negros, en Filipinas. Se encuentra tanto a nivel del mar como a 1.800 metros de altitud, sobre rocas de granito y en colinas calcáreas. El clima es fresco y muy húmedo en invierno y muy soleado de mayo a junio. Las lluvias son muy abundantes de marzo a abril y menos frecuentes hasta la llegada del monzón, que aporta abundantes lluvias a finales de agosto. Entre septiembre y octubre, los tifones son frecuentes. Por tanto, se puede deducir que esta planta necesita altas temperaturas, salvo en invierno, y un 50% de luz solar en verano.

*Arriba*

***Paphiopedilum malipoense***

(x 0,65)

Es una bella especie, muy buscada, de invernadero templado. Al igual que *Paphiopedilum henryanum,* también proviene de China. Requiere las mismas condiciones de cultivo, con menos riego en invierno, y su floración es otoñal.

*Derecha*

***Paphiopedilum*** Onyx (x 1,3)

Se trata de un híbrido creado por la casa Vacherot en Boissy-Saint-Léger, en 1945, que resulta del cruce entre *Paphiopedilum goultianum* y *Paphiopedilum* Maudiae. Es una planta muy vigorosa, con un follaje jaspeado de gran belleza, y se utiliza a menudo en la producción de flores cortadas. Florece de otoño a invierno.

*Arriba*

***Paphiopedilum rothschildianum* x *Paphiopedilum glaucophyllum***

(x 1)

Es un híbrido multifloro, de invernadero entre caliente y templado, que crece lentamente. No siempre es fácil que florezca, ya que es necesario que la planta alcance su máximo crecimiento para obtener una bella floración. La especie *rothschildianum* es originaria del Mont Kinabalu, en Sabah, donde crece a pleno sol. La especie *glaucophyllum* proviene de Sumatra e Indonesia, donde se encuentra en los desfiladeros profundos y con vegetación densa.

*Izquierda*

***Peristeria elata*** (x 1)

Este género, originario de la América tropical, comprende siete especies. La más conocida es la flor nacional de Panamá ("flor del Espíritu Santo"). Es la única especie terrestre del género. Sus escapos florales alcanzan más de un metro y sus flores son muy aromáticas. Debe cultivarse en invernadero caliente y es importante no regar el interior de los tallos jóvenes. Florece entre julio y agosto.

*Página izquierda*

***Paphiopedilum spicerianum***

(x 2,45)

Esta especie fue introducida por Hennis, orquidista de Hildesheim, en 1878. La encontró en un lote de *Paphiopedilum insigne* importado de la India. Ambas florecen al mismo tiempo. Esta especie ha sido y sigue siendo muy utilizada en las hibridaciones. Debe cultivarse en invernadero templado y evitar regarse demasiado en invierno, que es cuando florece.

*Arriba*

***Phalaenopsis amabilis*** (x 0,7)

Este género fue descrito hace dos siglos por C. Blume en Indonesia. Su nombre viene del griego *phalaina,* mariposa de noche, y *opsis,* parecido. Está presente en todo el sudeste de Asia e, incluso, en el norte de Australia. Actualmente es la orquídea más cultivada. Se producen millones de plantas en todos los países y son muy apreciadas por el público debido a la longevidad de sus flores. Es la planta ideal para interior. El género está formado por 50 especies. Todos los híbridos producidos son el resultado de selecciones de los cruces de *Phalaenopsis amabilis* con *Phalaenopsis schilleriana* y *Phalaenopsis stuartiana.* Florece todo el año, pero sobre todo, de febrero a abril.

*Izquierda*

***Phalaenopsis amboinensis***

(x 1)

Esta especie, originaria de Indonesia, de las islas Sulawesi (Célebes) y de la isla Ambon, se ha mantenido durante mucho tiempo al margen de las hibridaciones, pero, desde hace unos veinte años, muchos cultivadores de orquídeas la utilizan para intentar obtener un híbrido de flores totalmente amarillas. Florece en verano y en otoño.

*Derecha*

***Phalaenopsis cornu-cervi*** (x 1)

Proviene de Malasia, Tailandia e Indonesia. La flor varía mucho en función de su origen geográfico. Si se cultiva en invernadero caliente, no hay que cortar el tallo floral, porque de él brotará, después de algunos meses, una sucesión de flores.

*Arriba*

***Phalaenopsis lueddemanniana***

(x 1,25)

Es una epífita de Filipinas, extendida por casi todo el archipiélago. La especie presenta numerosas variaciones que algunos autores consideran especies separadas. Florece todo el año en invernadero caliente.

*Derecha*

**Doritaenopsis** Luminescent (x 0,85)

Es un híbrido de *Doritaenopsis* Rosina Pitta y *Phalaenopsis* William Sanders, realizado en 1990 por Orchid Zone, en los Estados Unidos. Este tipo de *Phalaenopsis,* tan punteado, se produjo primero en Francia y, algunos años más tarde, en todo el mundo.

*Arriba*

***Phalaenopsis leucorrhoda*** (x 0,7)

Esta especie es un híbrido natural entre *Phalaenopsis schilleriana* y *Phalaenopsis amabilis* v. *aphrodite.* Crece a baja altitud en las regiones de Laguna, Quezón y Rizal. En invernadero caliente, se pueden admirar sus bellas flores y su bonito follaje. La floración tiene lugar entre marzo y abril.

*Página izquierda*

***Phalaenopsis* Oberhausen Gold**

(x 1,6)

Cruce entre Golden Amboin y Golden Sands realizado en 1988, se trata de uno de los numerosos híbridos creados para obtener nuevos colores. Sus flores son muy bonitas, pero crecen pocas en cada tallo. Es una planta de invernadero caliente, donde florece casi todo el año.

*Arriba*

***Phalaenopsis speciosa* v. *tetraspis*** (x 1,20)

Esta especie fue descrita por Reichenbach en 1874. Durante mucho tiempo, sólo se la conocía por ilustraciones y por un herbario. Hace diez años, el coleccionista indonesio Kolopaking la redescubrió en el extremo noroeste de Sumatra (Atjeh). Resulta fácil de cultivar en invernadero caliente, posee un follaje brillante, muy bonito, y florece en otoño.

*Derecha*

***Phragmipedium besseae*** (x 1,65)

El nombre de este género proviene del griego *phragma,* tabique, y *pedis,* pie. Esta especie fue descubierta en 1981 por Libby Besse, en Ecuador, a raíz de la atribución de concesiones para la búsqueda de petróleo en la región del Napo. Desde entonces, ha sido objeto de tráfico ilegal y destrucción indiscriminada *in situ.* Florece en invierno y en primavera.

*Izquierda*

***Pholidota imbricata*** (x 0,95)

Este género asiático, que se extiende hasta Nueva Caledonia y Australia, incluye 40 especies. Esta especie está muy difundida y su cultivo es sencillo, en invernadero caliente o templado. Se trata de una planta robusta que florece en otoño.

*Derecha*

***Pleurothallis circumplexa*** (x 1,5)

Es una gran subtribu de la América tropical, difícil de definir, ya que agrupa, según algunos autores, 15 subgéneros sólo en la tribu de las *Pleurothallidinae*. Sin embargo, se cuentan 280 especies epífitas, litófitas y terrestres, que van desde 5 hasta 50 cm de altura. Esta especie se cultiva en invernadero templado y con bastante humedad. Hay que mantenerla ligeramente húmeda en invierno, sin dejar que se seque en ningún momento. Florece de febrero a octubre.

*Página derecha*

## *Renanthera monachica* (x 1,75)

Este género, presente en el sudeste asiático, fue descrito por Loureiro en su obra *Flore de Cochinchine,* en 1790. Ha sido utilizado para crear numerosos híbridos bigenéricos y plurigenéricos con ejemplares de *Vanda, Phalaenopsis, Rhynchostylis, Trichoglottis, Doritis, Aerides, Arachnis,* etc. Esta especie, originaria de Filipinas, crece en las praderas de baja altitud (100 metros). Es una epífita de invernadero caliente que exige mucha luz y florece entre otoño e invierno.

*Derecha*

## *Pleurothallis pluriracemosa*

(x 1)

Es una gran planta, entre epífita y terrestre, que crece formando matas en ciertas áreas de Colombia, Ecuador y Venezuela. Se encuentra en los desfiladeros de los ríos, a 1.800 metros de altitud. Produce flores olorosas al final de la primavera y a principios de verano.

*Arriba*

**Renanthopsis** Mildred Jameson

(x 0,9)

Del cruce entre *Renanthera* y *Phalaenopsis,* se obtiene el género *Renanthopsis.* Este ejemplar es un cruce de *Renanthera monachica* con *Phalaenopsis stuartiana,* realizado en 1969 por Caroline Fort, en Florida. Se debe cultivar en corteza de pino, en invernadero caliente, donde florece al menos una vez en primavera.

*Abajo*

***Restrepia elegans*** (x 2,6)

Este género está dedicado al naturalista colombiano José E. Restrepo y comprende 28 especies. La *elegans* es una pequeña epífita que se encuentra en la América tropical, sobre todo en la cordillera de los Andes. Conviene cultivarla en invernadero frío, entre media y plena sombra, manteniéndola húmeda entre verano y otoño y un poco húmeda en invierno. Florece desde primavera hasta otoño.

*Abajo*

***Sarcochilus hartmannii*** (x 1,6)

El género fue establecido por R. Brown en 1810. Su nombre proviene del griego *sarcos,* carnoso, y *cheilos,* labio, en alusión a la forma del labelo. Todavía hoy no se sabe con certeza si su origen es asiático o australiano. La mayoría de las especies se encuentran en el este de Australia. Son plantas epífitas y litófitas, pero también terrestres, casi saprófitas*, que desarrollan enormes raíces. Esta especie, fuerte y vigorosa, se cultiva en maceta, en invernadero templado, desde que finaliza la floración hasta octubre, y en invernadero frío en invierno. Se debe regar en abundancia de primavera a otoño. Florece fácilmente de marzo a mayo.

*Izquierda*

***Sauroglossum nitidum*** (x 1,35)

Sinónimo: *Spiranthes acaulis.* La planta fotografiada procede del valle del río Urubamba, donde crecía entre plantaciones de coca. El escapo floral alcanza 80 cm de longitud. Es una planta terrestre muy común en los Andes, de fácil cultivo en invernadero frío o templado. Se la puede encontrar bajo diversas denominaciones: *Sauroglossum elatum, Sarcoglottis, Cyclopogon* y *Satyrium.*

*Arriba*

***Seidenfadenia mitrata*** (x 1,3)

El género fue establecido en 1872 por el americano Garay y dedicado a Gunnar Seidenfaden, diplomático y botánico danés. Este género sólo comprende esta especie y está presente en Birmania y Tailandia. Durante mucho tiempo fue conocida con el nombre de *Aerides mitrata*. Se cultiva en lámina de corcho, en invernadero caliente, donde florece en verano.

*Abajo*

***Sobralia fimbriata*** (x 1,3)

Las *Sobralia* son plantas entre terrestres y epífitas de la América tropical. Parecen bambúes con una inflorescencia terminal. Las flores sólo duran dos días, pero se suceden unas a otras. Esta especie es originaria de la cordillera andina, en la región de Huánuco, en Perú. Es una epífita y de cultivo poco común. En invernadero templado, florece en verano.

*Derecha*

## *Sophrolaeliocattleya*

Hazel Boyd (x 1,3)

Un híbrido trigenérico, creado por Rod McLellan Co., en 1975. Es el cruce de *Sophrolaeliocattleya* California Apricot y *Sophrolaeliocattleya* Jewel Box. El primero fue creado por el mismo autor en 1964 y el segundo por Stewart Inc., en 1962. Estas dos firmas californianas son muy famosas por la belleza de sus híbridos. Su floración es primaveral, aunque algunos brotes jóvenes florecen en otoño.

*Izquierda y arriba*

***Spathoglottis plicata*** (x 1,15 y x 3)

Este género está presente en todo el sudeste asiático, las islas del Pacífico y Australia. Su nombre viene del griego *spatha,* que, en latín, significa "ramo de palma con sus dátiles", y *glotta,* lengua, en alusión a la forma del labelo. Está formado por 49 especies que se pueden encontrar tanto a nivel del mar como a 3.000 metros de altitud. Son plantas terrestres que se cultivan en invernadero ligeramente sombreado y que deben mantenerse húmedas todo el año. Esta especie es la más conocida y la más extendida, y de ella existen numerosas variaciones. En invernadero, con tiempo nublado, la flor se poliniza a sí misma y enjambra nuevas plantas en los tiestos de alrededor.

*Derecha*

***Spiranthes cernua*** (x 1,95)

Este género fue establecido por L.C. Richard en 1818. Su nombre proviene del griego *speiros,* espiral, y *anthos,* flor, y alude a sus escapos florales con forma de espiral. Se distribuye por todos los continentes. Muchas especies no son más que variaciones extremas de la misma planta. Ésta es terrestre y acuática, de la costa este de los Estados Unidos y de Canadá. Crece casi en cualquier lugar: en los arcenes de las carreteras, entre la maleza bien iluminada o en pantanos, donde es prácticamente acuática. Es una planta poco exigente que florece, en invernadero templado, en primavera y otoño.

*Izquierda*

## *Spiranthes sinensis* (x 2,6)

Esta especie, como su nombre indica, proviene de China. En general, se la puede encontrar en el abono utilizado para trasplantar las *Paphiopedilum.* Para algunos autores, se trata de una variedad rosa de la *Spiranthes aestivalis.* Florece en primavera en invernadero frío.

Derecha

## *Staurochilus fasciatus* (x 2,7)

El nombre del género viene del griego *stauros,* cruz, y *keilos,* labio (labelo en cruz). A menudo se lo confunde con el género *Trichoglottis.* Comprende 4 especies del este de Asia, de las que ésta es la más representativa. Se trata de una planta de invernadero caliente que florece en abril y mayo.

*Izquierda*

***Stenoglottis longifolia*** (x 0,95)

Este género de terrestres y epífitas es africano. La *longifolia* es terrestre, robusta, vigorosa y se multiplica muy fácilmente por división de raíces. En invernadero frío, requiere mucha luz y en invierno debe mantenerse seca. La época adecuada para trasplantarla es a finales de marzo o principios de abril. Su floración tiene lugar de septiembre a diciembre.

*Derecha*

***Trichoceros parviflorus*** (x 3)

Este pequeño género es originario de la cordillera de los Andes. Esta especie, parecida a una abeja, se encuentra en la región de Tarma, entre Palca y Carpapata, en Perú, a 2.900 metros de altitud. Crece sobre los cactus, al alcance de las abejas. Debe cultivarse en tiesto pequeño o sobre lámina de corcho, en invernadero frío, donde florece de septiembre a marzo.

*Izquierda*

***Trigonidium acuminatum*** (x 3,15)

Son epífitas de la América tropical, que crecen desde México a Brasil. Su nombre viene del griego *trigonos,* triangular, en alusión a la forma de la flor. Esta especie se cultiva en invernadero entre caliente y templado y florece en otoño.

*Derecha*

## *Trigonidium egertonianum*

(x 4,25)

Es una epífita de la América tropical, que se encuentra desde México a Venezuela. Crece tanto a nivel del mar como a 1.000 metros de altitud y se cultiva en invernadero entre templado y caliente. Hay que evitar el riego excesivo en invierno. Si se quiere conseguir una bella floración primaveral, es necesario un período de reposo de cinco semanas.

*Arriba*

***Trisetella triglochin*** (x 5,15)

Género de las *Masdevallidae,* que se compone de cinco géneros. Este género fue revisado en 1980 por C.A. Luer. Reichenbach lo había establecido con el nombre de *Triaristella,* que aún encontramos en la bibliografía. Es una epífita diminuta de invernadero templado, que debe mantenerse húmeda todo el año, excepto en los días más fríos del invierno.

*Arriba*

*Trixspermum cantipeda* (x 2,15)

El nombre de este género viene del griego *thrix,* piel, y *sperma,* semilla. Está presente desde Sri Lanka hasta las islas Ryuku en Japón y comprende 137 especies, epífitas, de tamaño medio. Esta variedad, muy representativa del género, se cultiva en invernadero caliente, a media sombra, y florece en primavera.

*Izquierda*

***Vanda brunea*** (x 2,8)

Sinónimo: *Vanda denisoniana* v. *hebraica.* Este género, cuyo nombre proviene del sánscrito es, sin duda, el más abundante en los cultivos de orquídeas. Esta especie es de invernadero caliente y necesita mucha luz. Se cultiva en tiesto, en corteza de pino, sin regarla demasiado en invierno.

*Página derecha*

### *Zygopetalum crinitum* (x 3)

Este género de epífitas y de terrestres comprende 20 especies. Se puede encontrar en la parte más meridional de la América tropical y subtropical. Esta especie crece desde el estado de Espirito Santo hasta Santa Catarina y, sobre todo, en las montañas litorales de la Serra da Mantiqueira, en Brasil. Es una planta protegida que florece en noviembre. Debe cultivarse en invernadero entre templado y frío. Es importante dejar de regarla a partir del mes de agosto. Hay que mantenerla húmeda y procurar que reciba mucha luz. A finales de septiembre, le conviene, incluso, plena luz.

*Izquierda*

### *Vanda* Golamco's Blue Magic 'Aalsmeer Fall' (x 0,65)

Es un cruce entre *Vanda* Gordon Dillon y *Vanda coerulea*. El primero es un híbrido creado por Boonchoo en Tailandia, en 1978, entre Madame Rattana y Bangkok Blue. Las *Vanda* se utilizan mucho en horticultura y producen numerosos híbridos bigenéricos* como *Vandachnis, Vandaenopsis* y *Vandofinetia* y plurigenéricos* como *Yusofara, Holtumara, Lewisara* y *Devereuxara*. Se debe cultivar en invernadero caliente, donde florece en otoño.

*Derecha*

### *Vuylstekeara* Cambria 'Plush' (x 0,75)

Es un género híbrido plurigenérico* entre *Cochlioda, Miltonia* y *Odontoglossum*, creado en 1904 por el horticultor belga más experto de la época, Charles Vuylsteke. El híbrido de la foto fue realizado en 1931 por Charles Worth en Inglaterra. Actualmente, es la más popular. Puede cultivarse en interiores, si se mantiene ligeramente húmeda, pero nunca seca, y en invernadero templado a media sombra. Florece en primavera y durante casi todo el año.

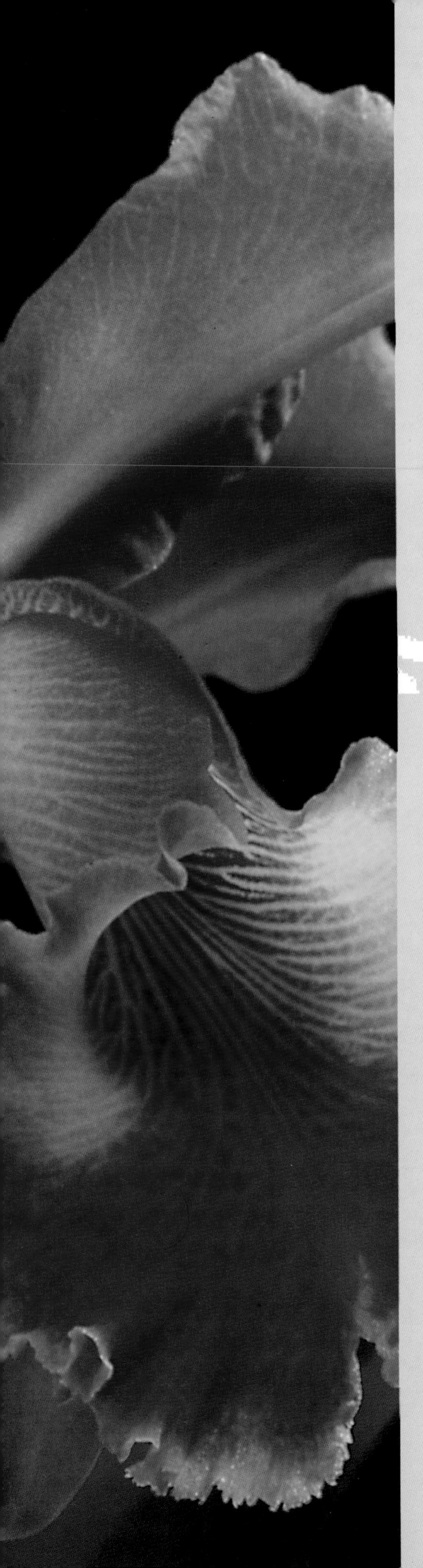

*En tres siglos, el cultivo de las orquídeas ha tenido tiempo de perfeccionarse; ahora se encuentra al alcance de todos. Cualquiera puede poseer una, varias o incluso una colección de estas fabulosas plantas.*
*Sin embargo, antes de elegir, es aconsejable que un especialista le asesore sobre cuáles son las exigencias del cultivo de la planta. Es fundamental conocer sus necesidades de temperatura, luz y abono para saber si podemos satisfacerlas. Desde hace algunos años, la manera de utilizar la calefacción ha cambiado. Además, el calor de una vivienda varía en función de su ocupación. Por lo tanto, antes de adquirir la orquídea de sus sueños, anote la temperatura del lugar en el que piensa poner la planta, en diferentes momentos y durante un período de 24 horas.*

# Condiciones de cultivo

## El sustrato

Los sustratos de cultivo de las plantas en tiesto han evolucionado mucho en los últimos años. Los más empleados son: la corteza de pino mezclada con turba y una mezcla de corteza de pino, musgo de poliuretano y turba. Debido a las exigencias de protección de la naturaleza, ya no se utilizan las raíces de helechos arborescentes ni la osmunda (otro tipo de helechos). Por la misma razón, la turba, empleada en grandes cantidades en horticultura, se dejará de utilizar en un futuro próximo. En cambio, el humus, la fibra y los trocitos de coco ocupan un lugar cada vez más destacado en el cultivo de las orquídeas. Actualmente, muchas *Phalaenopsis* se cultivan en una mezcla de coco y corteza de pino.

En cuanto al recipiente, es mejor utilizar un tiesto de plástico, que es ligero, mantiene las raíces calientes y conserva mejor la humedad.

## El riego

Es una operación difícil, en la que tener buen ojo resulta más importante que cualquier regla. Las orquídeas necesitan mucha agua durante su crecimiento, pero nunca deben llegar a empaparse.

Si la planta está en una mezcla de corteza de pino, debe regarse dos veces por semana y la temperatura debe ser de 18°C por la noche y 21°C durante el día. Las *Phalaenopsis, Cattleya, Paphiopedilum* tipo Maudiae, *Encyclia, Epidendrum, Beallara* y *Ansellia* pertenecen a este grupo. En general, en una mezcla de turba, musgo artificial y corteza, basta con que se riegue una vez por semana.

Las plantas que exigen una temperatura nocturna de 15°C y una diurna de 20°C, como las *Burrageara, Vuylstekeara, Oncidium, Odontocidium* y *Miltoniopsis,* también deben regarse una vez por semana.

Las *Dendrobium* de invernadero caliente reciben mucha agua durante el desarrollo de los pseudobulbos. Por eso, después de este período, el riego debe reducirse a la mitad. En invierno, hay que mantener una ligera humedad. Lo mismo ocurre con algunas *Oncidium, Brassia* y *Encyclia.* En interiores, donde la humedad suele ser insuficiente, se recomienda pulverizar las hojas varias veces por semana. En el caso de las *Phalaenopsis,* debe evitarse pulverizar el corazón de la planta.

El sistema de riego es simple: vierta el agua sobre el tiesto colocado en un fregadero y déjelo escurrir antes de volver a ponerlo en su lugar.

Hablar de riego sin mencionar la calidad del agua sería absurdo. Ésta es muy importante, sobre todo, si se quiere que las plantas duren mucho tiempo. El agua ideal para las orquídeas es un agua neutra (pH 5,8) y no calcárea. El agua de las ciudades suele contener demasiada cal y cloro. Por eso es preferible utilizar agua de lluvia o agua hervida algunos días antes.

Hay dos tipos de cal: activa y no activa. En el primer caso, la cal provoca la formación de manchas en las hojas y una asimilación más lenta. Las raíces se vuelven rugosas y la cal acumulada puede llegar a detener la asimilación.

Además, nunca debe utilizarse agua desmineralizada, ni regar con un agua demasiado fría o caliente.

## El grado de humedad

Eas orquídeas son plantas que provienen de las regiones húmedas del planeta. Por lo tanto, el grado de humedad es un factor importante a tener en cuenta si desea cultivarlas en un ambiente artificial.

En una vivienda, conviene que la humedad sea del 40% al 60% alrededor de las plantas. Para ello, basta con colocar recipientes en los radiadores de la habitación, si esto es posible. También puede utilizarse una cubeta como las que utilizan los fotógrafos, llenarla de grava, añadir agua, colocar una rejilla y poner los tiestos encima.

En invernadero, la humedad desciende durante el día a causa de la aireación y vuelve a aumentar por la noche. Por la mañana, será suficiente con regar la calle del invernadero y pulverizar las hojas. Algunos aficionados instalan una pequeña bomba con surtidores fijos que cubren la superficie del invernadero. Este sistema, completado con un temporizador, es útil sobre todo cuando el tiempo es cálido, a razón de dos o tres veces por día. En caso de que el tiempo sea fresco y húmedo, hay que tener en cuenta que el interior del invernadero puede no tener la suficiente humedad, por lo que será muy útil utilizar un higrómetro.

## La aireación

En la naturaleza, la mayoría de las orquídeas crecen en lugares de gran altitud. Por eso, las que se cultivan en invernadero frío necesitarán mucho aire fresco. En invernadero templado, y con tiempo caluroso, conviene que el aire esté en movimiento para evitar la aparición de hongos. Para conseguirlo, puede realizarse una abertura en el techo del invernadero o en alguna pared, o bien instalar un ventilador.

## La luz

En contra de lo que suele pensarse, hace falta mucha luz para cultivar orquídeas, salvo en el caso de algunos géneros extraños. Sin embargo, si la luz es muy intensa, las plantas amarillean y dejan de crecer; si, por el contrario, tienen demasiada sombra, se marchitan y no florecen. Tanto en una ventana como en un invernadero, se deben evitar los rayos solares directos.

## La sombra

El blanqueo de los invernaderos, practicado por los profesionales, no es recomendable para un pequeño invernadero de aficionado. En este caso, la mejor solución consiste en colocar rejillas, a unos 20 cm de los cristales. Por la mañana temprano se desenrollan y por la noche se vuelven a enrollar.

## Las soluciones nutritivas

Durante mucho tiempo se había pensado que las orquídeas, al ser plantas de crecimiento lento, apenas requerían abono. Sin embargo, se ha demostrado que, como cualquier planta, necesitan abono para crecer.

Los estudios han demostrado que es necesario fertilizarlas según el siguiente programa anual: del 15 de febrero al 15 de mayo, debe emplearse un abono 28-14-14; desde mediados de mayo a agosto, uno 20-20-20; de septiembre a octubre, un abono con más potasio como, por ejemplo, 7-11-27 y de octubre a mediados de noviembre, un 20-20-20. A partir de dicho momento y hasta febrero, no hay que abonarlas, sobre todo en el norte y el sur de Europa.

Las tres cifras corresponden a las proporciones de los tres símbolos N-P-K, que significan nitrógeno-fósforo-potasio. Los abonos enriquecidos en nitrógeno son recomendables para las plantas con hojas. Puede utilizarse cualquier tipo de abono, siempre que tenga estas proporciones y sea soluble en agua. Debe mezclarse en el agua de riego, una vez por semana, a razón de entre 0,5 y 1 g por litro.

## El caso especial de las epífitas

En realidad, casi todas las orquídeas que se cultivan son epífitas. Con esta denominación general, se designa a las plantas cultivadas en corteza (trozo de corcho o helecho arborescente). Es preciso rociar el soporte dos o tres veces por semana. En primavera y en verano, puede ser necesario hacerlo prácticamente todos los días.

## Las condiciones especiales del cultivo en interiores

Por regla general, en interiores, la humedad llega a descender por debajo del 30%, hay poco movimiento de aire y la luz es limitada. Sin embargo, estos pequeños obstáculos no deben desanimarnos, porque son fáciles de salvar.

Basta con efectuar una pulverización diaria sobre la planta, airearla día y noche si el tiempo lo permite o bien instalar un pequeño ventilador (evitando crear corrientes de aire).

Para aumentar la cantidad de luz, se puede recurrir a una fuente de luz artificial, aunque sólo sea unas horas al día. Se colocarán tubos fluorescentes a menos de 1 metro de las plantas. Es importante recordar que las orquídeas necesitan 12 horas diarias de luz.

## Problemas

### Los parásitos

– Cuando el tiempo es demasiado seco o hay corrientes de aire, aparecen unos minúsculos pero temibles ani-

malitos. Son las arañas rojas *(Tetranychus urticae, Temuipalpus pacificus, Brevipalpus obovatus)*. Las especies con hojas delgadas, como las *Calanthe, Paphiopedilum, Oncidium* y *Vuylstekearas,* así como las *Phalaenopsis,* ven cómo sus hojas se vuelven de un gris plateado. Si ocurre, aplique un acaricida.
– Los trips, también diminutos *(Heliothrips haemorrhoidalis, Heliothrips femoralis),* atacan a las hojas jóvenes y a las flores. Hay que evitar que la tierra se seque y aplicar un producto específico una vez por semana durante un mes.
– Algunas especies de cochinillas pueden atacar a los cultivos: pequeñas, como las *Diaspis,* que se encuentran sobre todo en las *Cattleya; Coccus hesperidum,* muy habitual en las *Phalaenopsis,* y *Pseudococcus adonidum* (cochinilla harinosa), que se ve sobre todo en las *Oncidium, Vuylstekeara* y *Lycaste,* entre otras. No hay que olvidar a *Saissetia hemisohaerica,* con caparazón, que se engancha en el tallo de las *Lycaste,* las *Odontoglossum* e, incluso, de las *Phalaenopsis.* Es necesario utilizar productos anticochinillas.
– Los pulgones atacan a los brotes jóvenes y a los capullos florales, que se deforman y sufren necrosis por culpa de su acción. Además, estos insectos son agentes transmisores de virus. En interiores, bastará con poner boca abajo la planta infectada y limpiarla bajo el grifo con agua tibia. En un invernadero, se puede utilizar un producto a base de pelitre, un insecticida natural hecho a base de plantas.
– La presencia de babosas o de caracoles se hace patente por las huellas de baba y los cortes que producen en las hojas y en los capullos florales. La solución es un producto antibabosas.

### Las enfermedades criptogámicas

Los hongos son temibles para las orquídeas. Suelen causar estragos por culpa del exceso de humedad.
– *Phytium ultimum* ataca a los pseudobulbos y a las hojas, que se vuelven negras.
– *Fusarium oxysporum* ataca a las raíces, lo que provoca que la planta se seque. El riesgo de contagio es muy elevado en los trasplantes.

Por desgracia, muchos otros hongos infestan a nuestras protegidas, que deberemos tratar con un producto fungicida, algunas veces de manera preventiva, como ocurre con las *Phalaenopsis.*

### Las enfermedades bacterianas

También aparecen cuando hay demasiada humedad y pudren las hojas, principalmente las de *Phalaenopsis* y *Paphiopedilum.*

Aunque existen productos bactericidas, es primordial observar unas normas básicas de higiene, tanto para las bacterias como para los hongos: mantener limpias las herramientas, almacenar los sustratos en un lugar aireado, etc.

### Los virus

La presencia de virus no siempre se detecta a simple vista y algunas veces es preferible acudir a un especialista para que realice un diagnóstico. Los virus del mosaico se pueden detectar por la aparición de manchas irregulares en las flores y las hojas.

No existe ningún remedio contra ellos, así que es imprescindible quemar la planta afectada para que no contagie a las demás, al tiempo que se deben observar más que nunca las normas de higiene (en especial, desinfectar el cuchillo o las tijeras de podar con una solución de trinatrio o con fuego). También es necesario recordar que los virus pueden trasmitirse a través de los insectos (pulgones, trips...).

Todas estas eventualidades y las diferentes condiciones de cultivo necesarias no deben asustarle. En la mayoría de los casos, y con un mínimo de atención, las orquídeas corrientes se cultivan sin mayores problemas. Crecen de manera constante y, en poco tiempo, el tiesto se queda pequeño. Es el momento de trasplantarlas...

## El trasplante

En general, debe realizarse cada tres años, a fin de no dañar innecesariamente a la planta. Las plantas que florecen en otoño se trasplantan en primavera y las que florecen en primavera, entre septiembre y octubre.

Para ello, retire la planta de su tiesto, corte las raíces negras o lacias (si es necesario, también el segundo bulbo) y cambie el sustrato. En las orquídeas con pseudobulbo, colóquelo contra la pared del tiesto, de manera que la nueva planta crezca en el centro. En las orquídeas sin pseudobulbo, como las *Phalaenopsis*, por ejemplo, coloque la planta en el centro del tiesto y, a continuación, llénelo de sustrato y presione firmemente (salvo si se trata de corteza). Manténgalo húmedo, pero no empapado. Al cabo de cuatro semanas vuelva a regarlas con regularidad.

## Calendario de cultivo de las orquídeas

Las plantas de cultivo son originarias de las regiones en que el día y la noche tienen la misma duración y las estaciones son reemplazadas por un período seco y un período húmedo. A mayor altitud, las lluvias son abundantes, mientras que en zonas más bajas, el grado de humedad es muy elevado y llueve normalmente de noche. En este calendario, basado en un siglo de experiencia hortícola, se facilitan sólo las temperaturas mínimas, de manera que pueden sobrepasarse por arriba, pero nunca por debajo.

## ENERO

Durante los meses de invierno, es necesario utilizar la calefacción para calentar o sanear el aire del invernadero. Existen tres tipos de invernaderos:

– Invernadero caliente: la temperatura durante el día oscila entre los 20 y los 25°C y la nocturna es de 18°C. La humedad se mantiene baja o estable.

– Invernadero templado: la temperatura diurna oscila entre los 14 y los 18°C y la nocturna es de 14°C. La humedad se mantiene baja o estable.

– Invernadero frío: de día, la temperatura oscila entre los 9 y los 12°C y por la noche desciende hasta los 8°C. La humedad va en aumento o se mantiene estable.

– El riego de las *Cattleya, Brassocattleya, Brassolaeliocattleya, Sophrolaeliocattleya, Laeliocattleya, Fotinara* y *Laeliocatonia* debe controlarse bien. Riéguelas con moderación, sin rociar las hojas. Es conveniente evitar temperaturas demasiado bajas, ya que si se las expone a temperaturas inferiores a las mínimas, se corre el riesgo de que aparezcan manchas en las hojas.

– En las *Cymbidum* la temperatura nocturna no debe descender por debajo de los 12°C. Las *Cymbidium* de flores blancas son más frágiles que las otras. El desarrollo de los tallos florales se produce alrededor de los 15°C. No rocíe nunca las hojas o las flores y riegue moderadamente. Abono: 0,5 g por litro de agua. *Cymbidium devonianum* debe colgarse lo más cerca posible de la luz.

– Este mes, la mayoría de las *Paphiopedilum* florecen o presentan capullos. Es preferible que espere hasta febrero para trasplantarlas; aunque, si ya lo ha hecho, aumente la temperatura. Riéguelas ligeramente para mantener húmeda la planta.

– En el caso de las *Phalaenopsis,* las temperaturas bajas pueden bloquear completamente su crecimiento. Si se quiere obtener unos bellos ejemplares, es fundamental mantener la temperatura a 20°C y asegurar una buena circulación del aire. El *fusarium* (hongo) y las bacterias son una amenaza cuando las temperaturas son bajas. Deben regarse una vez por semana al tiempo que se abona, a razón de 0,5 g por litro de agua.

– A las *Dendrobium* de invernadero caliente hay que echarles poca agua, la justa para que las raíces se mantengan húmedas. En general, estas plantas suelen verse afectadas por la araña roja, que debe eliminarse rápidamente.

– Otras: *Coelogyne cristata, Coelogyne ochracea* y todas la orquídeas de la India deben mantenerse ligeramente mojadas y a plena luz en invernadero frío (alrededor de 10°C). *Dendrobium pierardii, Dendrobium aggregatum* y *Dendrobium densiflorum* necesitan poco riego en invernadero templado. Las *Dendrobium* de Australia, como *Dendrobium kingianum, Dendrobium speciosum* y *Dendrobium delicatum,* deben colocarse a plena luz (lado seco).

## FEBRERO

Durante este mes de mediados de invierno, muy parecido al anterior, los días se alargan y la luz se intensifica.

– Las *Cattleya* ya no deben trasplantarse, pero sí hay que comenzar a regarlas con abono nitrogenado 28-14-14, a razón de 0,5 g por litro de agua. No se debe añadir más de un gramo.

– En el caso de las *Cymbidium,* las miniaturas están en plena floración, por lo que no deben rociarse. Deben regarse una vez por semana o cada diez días, en función de la meteorología. La dosis de abono correcta es 0,75 g de 28-14-14 por litro de agua. Tenga cuidado con las babosas y airee las plantas si hace buen tiempo.

– Es el momento de trasplantar las *Paphiopedilum.* Si detecta *Fusarium* o *Phytophthora* en alguna de ellas, retire el abono compuesto, corte las raíces viejas y limpie y empape la planta en una solución de Fongaride WP 25. Antes de trasplantarlas, mantenga las plantas húmedas, pero no mojadas. El abono debería aplicarse a razón de 0,5 g por litro de agua.

– Las *Phalaenopsis* necesitan un riego moderado. Debe evitar que el centro de la planta se moje. Las plantas con podredumbre se tratan con Fongaride WP 25, a razón de 2 g por litro de agua y, si tienen manchas negras, con 3 g de Zinebe por litro de agua. Las manchas negras pueden ser causadas también por el *Phythium* si se ha utilizado agua demasiado fría, se ha mantenido una temperatura muy baja o existe una mala ventilación. Por tanto, preste atención a esos pequeños detalles.

– Las *Dendrobium: Dendrobium nobile* empieza a producir los primeros capullos; aumente la temperatura, póngalas a plena luz y riéguelas con moderación.

– Otros: las *Encyclia, Brassia verrucosa, Lycaste cruenta* y *Lycaste aromatica* requieren poca agua. *Lycaste skinneri:* manténgala húmeda. *Miltonia, Miltoniopsis:* riéguelas de forma moderada, una vez cada diez días. En *Dendrobium pierardii* y *Dendrobium transparens* empiezan a verse los primeros capullos. Riéguelas una o dos veces por semana. *Dendrobium thyrsiflorum* y *Dendrobium formosum* están todavía en reposo, por lo que deben mantenerse secas. *Rossioglossum:* manténgalas ligeramente húmedas. *Coelogyne cristata:* en invernadero frío, produce algunos capullos y debe regarse una vez a la semana. *Cattleya forbesii, Cattleya intermedia* y *Ansellia africana:* riéguelas de forma moderada. *Vanda:* riéguelas bien, una vez por semana, sin rociar las hojas y sólo si hace mucho sol. *Phaius:* deben regarse una vez por semana. *Zygopetalum, Calanthe masuca:* hay que trasplantarlas. Las plantas colgadas sobre lámina de corcho deben recibir más riego, menos en el caso de las *Encyclia* y *Dendrobium,* que están en reposo. Las miniaturas de América Central se mantienen un poco húmedas. Las *Neofinetia* y las *Aerides* deben regarse bien. Las *Calanthes, Cycnoches, Catasetums* y *Mormodes* están aún en reposo. Las especies africanas deben tratarse según el tiempo que haga. Si el ambiente es soleado y seco, riéguelas un poco; en épocas húmedas y frías, es mejor mantenerlas secas. En invernadero caliente, es recomendable un poco más de humedad. En las *Angraecum,* no rocíe las hojas. Las *Oncidium,* por su parte, deben recibir un riego abundante. En cuanto a las *Dendrobium,* riéguelas sólo para evitar que la planta se arrugue.

### MARZO

En los invernaderos, se produce el inicio del crecimiento anual.

En invernadero caliente: las temperaturas suben y se deberá airear si la temperatura supera los 25°C. Por la noche, mínima de 18°C. Aumento progresivo de la humedad del aire.

En invernadero templado: durante el día, la temperatura oscila entre los 18 y los 20°C; por la noche, es de 16°C. Aumento progresivo de la humedad del aire.

En invernadero frío: la temperatura se mantiene entre los 12 y los 16°C. Es necesario airear si la temperatura supera los 18°C. Por la noche, desciende alrededor de los 9°C. La humedad también va en aumento. Según la región, el sol puede ser fuerte. En tal caso, debe ensombrecerse el invernadero, colocando rejillas o blanqueando los cristales. La ventilación se realizará en función de la meteorología. En una vivienda, conviene evitar los rayos directos del sol.

– Las *Cattleya,* que florecen en otoño, se trasplantan ahora si es necesario. Si la mezcla está hecha con corteza de pino, riéguela una vez por semana o sólo una vez cada quince días si está en una mezcla a base de turba. Abono: 0,75 g por litro de agua. Tenga cuidado con las babosas.

– Las *Cymbidium* están en plena floración. Las plantas sin flores pueden trasplantarse. Si es necesario, mantenga la temperatura nocturna a 15°C. Evite las sombras y procure airear el ambiente durante el buen tiempo. La araña roja, que puede atacar a sus plantas, puede combatirse mediante una solución de 1 g de Pentac por litro de agua; al cabo de catorce días, realice una segunda aplicación. Abono: 1 g de 28-14-14 por litro de agua. Riegue las plantas en abundancia.

– Las *Paphiopedilum* deben mantenerse a la sombra (de un 50%). Riéguelas sólo si la planta está seca. Abono: 0,5 g de 28-14-14 por litro de agua. Todas las plantas que lo necesiten, pueden trasplantarse. Si aparecen babosas, deben emplearse granulados antibabosas.

– Las *Phalaenopsis* también deben mantenerse a la sombra. En el invernadero, hay que conservar la humedad, y la aireación no es necesaria a menos que el tiempo sea caluroso, por encima de 25°C. Abono: 0,75 g por litro de agua. Riéguelas una vez por semana.

– Las *Calanthe:* cuando el nuevo brote de *Calanthe vestita* alcanza los 5 cm, hay que trasplantarla. Necesita mucha luz. En invernadero caliente o en una habitación soleada, mantenga la planta húmeda.

– Los *Odontoglossum* y similares deben ensombrecerse bien y airearse incluso por la noche, si el tiempo lo permite. Riego: 0,75 g de abono 28-14-14 por litro de agua. Debe regarse una vez cada diez días.

Trasplante las *Rossioglossum* y todas las *Odontoglossum* que hayan florecido en otoño; no las riegue demasiado.

– Las *Oncidium: Oncidium varicosum*

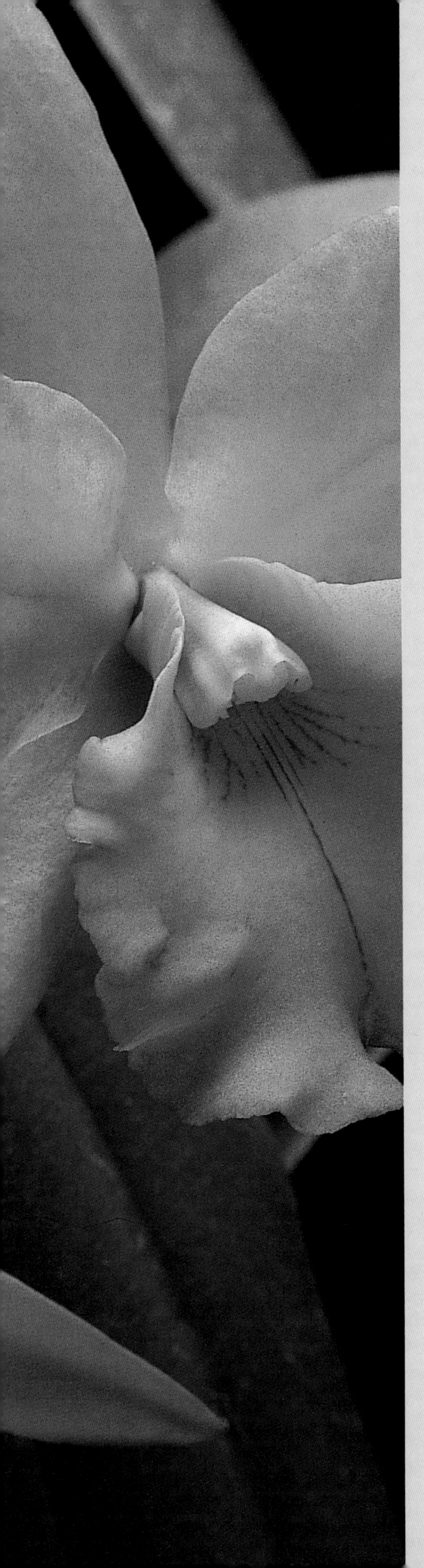

debe recibir más agua y abono. *Oncidium ornithorhynchum* debe trasplantarse. *Oncidium leucochillum* produce tallos florales. *Oncidium cebolleta* y *Oncidium sprucei* no requiere demasiada agua. Sitúelas todas a plena luz.

– Otros. *Brassia:* todas las especies deben mantenerse ligeramente húmedas. *Coelogyne cristata:* riéguela abundantemente. *Anguloa:* no la riegue todavía (pero no deje que llegue a secarse). *Miltonia* y *Miltoniopsis:* manténgalas a la sombra. Para todas las miniaturas: 50% de luz. Vigile la aparición de arañas rojas y babosas. Transplante las *Catasetum, Lycaste, Peristeria, Mormodes* y *Zigopetalum* y evite rociar los brotes.

#### ABRIL

Durante este mes, todo renace. Las temperaturas que citamos corresponden a un tiempo nublado. Si el tiempo es soleado, éstas aumentan.

En invernadero caliente: durante el día, temperatura de 20 a 25°C; por la noche, 18°C. Aumento de la humedad del aire.

En invernadero templado: durante el día, entre 18 y 20°C; de noche, 16°C. Aumenta la humedad del aire.

En invernadero frío: por el día, de 15 a 16°C; por la noche, 11°C. Aumenta la humedad del aire. Debe haber sombra durante toda la estación.

– Riegue las *Cattleya* con un abono nitrogenado con una proporción de 0,5 g por litro de agua. Es el momento de trasplantarlas y regarlas copiosamente. Después de tres semanas, vuelva a regarlas con toda normalidad. Trasplante las que tengan brotes de 5 cm. Las raíces crecen más deprisa.

Las *Dendrobium* de invernadero caliente se trasplantan durante este mes. Es suficiente con trasplantarlas una vez cada dos años. No use un tiesto demasiado grande, sino sólo 2 cm mayor que el tamaño de la planta. Manténgalas en un lugar cálido, ligeramente húmedo. Si el tiempo lo permite, rocíelas y ensombrezca ligeramente el ambiente.

– Las *Cymbidium* deben regarse cada quince días con un abono 28-14-14. No olvide airearlas a menudo. Si vive en una región donde el período de frío ya ha terminado, a final de mes puede sacar las plantas fuera, a media sombra. *Cymbidium lowianum* está todavía en flor.

– En cuanto a las *Paphiopedilum* cultivadas en un invernadero o en un espacio aparte, recuerde airearlas moderadamente. Mantenga el aire húmedo, ensombrézcalas bien y evite los rociados prolongados.

– En el caso de las *Odontoglossum* y las *Miltoniopsis,* debe tener cuidado con la temperatura y mantenerlas a la sombra. Riéguelas una o dos veces por semana con un abono 28-14-14 a razón de 0,5 g por litro de agua.

– Las *Phalaenopsis* deben ensombrecerse bien. Aplique abono nitrogenado mezclado en el agua de riego a razón de 0,75 g por litro de agua. Si su floración ha finalizado, las plantas deben mantenerse a una temperatura nocturna de 16°C, durante seis semanas.

– Otros: muchos géneros presentan capullos y otros ya están en flor. El trasplante y la limpieza son los trabajos más importantes, junto con el riego. Si aún no ha trasplantado las *Cycnoches, Mormodes* y *Catasetum,* hágalo ahora. Es preferible regarlas por la mañana. En caso necesario, las plantas que han acabado su período de reposo deben trasplantarse. Riéguelas, quince días después, con un abono nitrogenado.

#### MAYO

A partir del 15 de mayo, las temperaturas cambian. Probablemente habrá sacado al jardín algunas plantas, a media sombra. Debe regarlas y abonarlas una vez por semana, aunque haya llovido.

En invernadero caliente: durante el día, las temperaturas oscilan entre 18 y 22°C; por la noche son de 18°C. Aumenta la humedad del aire.

En invernadero templado: temperaturas diurnas de 20° C y nocturnas de 16°C. Aumenta la humedad.

En invernadero frío: de día, de 11 a 16°C; por la noche, 11°C.

– Sólo se trasplantan las *Cattleya* que hayan florecido en invierno. Una *Cattleya* debe trasplantarse cada dos o tres años. Riéguelas una vez por semana. No son plantas que puedan sacarse al jardín, así que deben cultivarse en invernadero. Continúe el riego con un abono nitrogenado.

– Ésta es la época ideal para trasplantar las *Cymbidium.* El tiesto debe ser bastante grande, pero no demasiado. La planta vivirá en él de tres a cuatro años, aunque los pseudobulbos se salgan de la maceta. Riéguelas con un 1 g de abono 20-20-20 por litro de agua y no utilice abonos ricos en nitrógeno.

– Para las *Paphiopedilum,* la sombra es importante. Según el tiempo que haga, rocíelas bien por la mañana. Airéelas más por la noche que durante el día. Antes de regarlas, fíjese en el sustrato. Abono: 5 g de 20-20-20 por litro de agua.

– Las *Phalaenopsis* deben estar mojadas; evite rociar demasiado el centro de la planta. Mantenga la calefacción de noche si es necesario y no olvide ensombrecerlas y airearlas. Evite dejar la temperatura baja, ya que produce una condensación del aire que favorece a su vez la aparición de *Botrytis* en las flores. Continúe el riego con 0,5 g de abono 20-20-20 por litro de agua.

– Las *Dendrobium* de invernadero caliente todavía pueden trasplantarse si aún no lo ha hecho. Proporcióneles el máximo de luz posible. La fertilización de las plantas que no se trasplanten debe ser de 1 g por litro de agua.

– Las *Odontoglossum, Lemboglossum bictoniense* y las *Rossioglossum* pueden sacarse al jardín a media sombra. En invernadero y dentro de una vivienda, deben airearse bien, procurando mantener una humedad constante.

## JUNIO

Es el mes más largo, en el que el calor del verano debe ser beneficioso para nuestras plantas. En junio, la aireación y el riego son muy importantes.

Si las noches son frescas, hay que mantener encendida la calefacción en invernadero caliente. En general, debe regar más copiosamente los tiestos de arcilla, una vez cada tres días; los tiestos de plástico, en cambio, sólo una vez por semana. Las plantas sobre lámina de corcho o de helecho deben regarse cada dos días.

Si la calefacción ya no es necesaria, basta con un riego por semana, sobre todo para las plantas que crecen sobre lámina de helecho. Abono: 0,75 g de 20-20-20 por litro de agua. Debe airearlas todos los días, salvo si el tiempo es nuboso y, sobre todo, si llueve. Las *Paphiopedilum* cultivadas en invernadero se airean más por la noche que durante el día, sobre todo las que viven en regiones secas. Todas las orquídeas deben ensombrecerse excepto las *Cymbidium.*

Durante la canícula, hay que ensombrecer bien a las *Cymbidium.* Si sólo tiene una o dos plantas, lo mejor es sacarlas al jardín, a media sombra, y regarlas bien. Durante el día, las temperaturas exteriores son, en general, superiores a las temperaturas necesarias en el invernadero. A menudo se dan dos temperaturas: una, mientras el sol está alto, y la otra si el tiempo está agitado. Cuando el sol desaparece, las temperaturas bajan. Es cierto que en las regiones del norte de Europa las noches son muy frescas, aún en esta época del año. Tenga cuidado con la humedad si no deja encendida la calefacción durante la noche.

– Si debe trasplantar una *Cattleya,* hágalo ahora. Riéguela con abono una vez a la semana y manténgala con un 50% de sombra.

– Las *Cymbidium* se han trasplantado o dividido en mayo. No deben trasplantarse de nuevo hasta septiembre. Debe airearlas tan pronto como sea posible, día y noche. Riéguelas una vez por semana con 1 g de abono 20-20-20 por litro de agua. Preste atención a la posible aparición de arañas rojas.

– Si las *Paphiopedilum* están solas en el invernadero, proceda a airearlas si el tiempo es cálido, sobre todo por la noche, para evitar una posible pérdida de humedad. Abono: 0,5 g de 20-20-20 por litro de agua. Manténgalas a la sombra.

– Las *Phalaenopsis:* en este período, en que la calefacción se usa poco (o nada), debe regarse por la mañana temprano, para que la planta esté seca al final del día. Si las hojas están demasiado mojadas, aparece una podredumbre conocida como *Erwinia.* Es preciso que estén ventiladas. Abono: 0,5 g de 20-20-20 por litro de agua.

– Las *Calanthe* crecen rápidamente y requieren una dosis de abono de 1 g de 20-20-20 por litro de agua.

– Las *Odontoglossum* y *Miltonia:* en verano, *Odontoglossum crispum* sufre con el calor. Es conveniente regar bien la calle del invernadero para mantener la humedad ambiental. Rocíe las hojas por la mañana. La sombra es necesaria para hacer descender la temperatura (lo mismo ocurre con las *Miltoniopsis,* que, en general, también son sensibles a las altas temperaturas). *Miltonia clowesii, Miltonia regnellii, Miltonia cruenta* y *Miltonia* Moir son especies originarias de Brasil y necesitan más luz y calor que las demás. Riéguelas en función del tiempo que haga.

### JULIO

A mediados de año, y del verano, los días empiezan a acortarse. En ciertas regiones, las noches aún son frescas.

En invernadero caliente: mantenga la calefacción a un máximo de 22°C por la noche y de 27°C durante el día. Mantenga elevada la humedad.

En invernadero templado: de día, 25°C y de noche, 18°C.

En invernadero frío: julio es un mes difícil. Durante el día, 18°C y por la noche, 12°C con una humedad atmosférica estable. Debe airearlo día y noche.

En este mes, el riego y el rociado son los trabajos más importantes. El agua de lluvia es muy recomendable. El agua del grifo debe utilizarse únicamente para rociar la calle del invernadero. Si hace buen tiempo y las temperaturas son elevadas, rocíe por la mañana y hacia el final de la tarde. Debería airearlo todos los días, pero tenga cuidado con las tormentas. Cierre todas las aberturas si llueve y cuando deba abrirlas hágalo por el lado opuesto al viento. El invernadero caliente debe cerrarse por las noches. Ensombrezca bien todo el invernadero. Únicamente las *Cymbidium* no necesitan más que un poco de sombra.

– *Phalaenopsis, Paphiopedilum* y *Cattleya:* ensombrézcalas y siga regándolas con un abono 20-20-20 a razón de 0,75 g por litro de agua.

– Suspenda el riego con abono en *Dendrobium nobile, Zygopetalum* y *Paphiopetalum insigne.* Deben tratarse contra la araña roja y el trips.

### AGOSTO

A finales de mes, los fuertes calores del verano son sólo un recuerdo.

En invernadero caliente: de día, temperaturas del orden de 23 a 27°C; por la noche, de 21°C. Mantenga la humedad del invernadero.

En invernadero templado: de día, de 21 a 23°C; de noche, 18°C.

En invernadero frío: de día, de 16 a 18°C; por la noche, 12°C. Mantenga la humedad del invernadero. Debe airearlo de día y de noche.

– Las *Cattleya* ya han producido todos los brotes. En algunas especies, el pseudobulbo ya está completamente formado, a la espera de una próxima floración. Aplique un abono nitrogenado a razón de 0,5 g por litro de agua. *Cattleya labiata* y *Cattleya bowringeana* necesitan más luz hacia final de mes. Si la humedad es elevada, suspenda el rociado del final de la tarde en las plantas de invernadero templado. En una vivienda, continúe con el riego una vez por semana y asegúrese de que entra mucha luz. En invernadero, el riego debe estar en proporción con la temperatura nocturna del interior. Si no pone la calefacción, utilice un ventilador para sanear el aire del invernadero y evitar que huela a sótano. Utilice abono nitrogenado, a razón de 0,5 g por litro de agua.

– Evite echar abono a las *Paphiopedilum.* Riéguelas una vez por semana y rocíe las hojas por la mañana, cuando haga calor. Las *Paphiopedilum* St Albans, *Paphiopedilum* Pinocchio y *Paphiopedilum haynaldianum* florecen durante este mes.

– Las *Odontoglossum:* rocíe entre los tiestos y airee por la noche.

– Proteja a las *Miltoniopsis* del calor fuerte. Procure ensombrecerlas bien. En vivienda, rocíelas todos los días y aplique una dosis de abono una vez a la semana. En invernadero, también son indispensables la aireación y la humedad. Si observa manchas negras en las hojas, mezcle Zinebe en el agua de riego, a razón de 6 g por litro de agua. Vigile si el reverso de las hojas se vuelve plateado, porque esto es un síntoma de la presencia de arañas rojas. Trátelas con Pentac, a razón de 1 g por litro de agua a intervalos de quince días. *Rossioglossum grande* florecerá a final de mes y *Rossioglossum schlieperianum* ya está en flor.

#### SEPTIEMBRE

Los días se acortan y las noches son más frescas. Si el tiempo es lluvioso, necesitará calefacción adicional. Si usa encañizados para ensombrecer su invernadero y si éste está orientado en la dirección norte-sur, suprima la sombra del lado norte. Las temperaturas no son las mismas que en agosto y, a causa del descenso de la temperatura nocturna, el ambiente tenderá a ser muy húmedo.

Suprima el rociado por debajo de las repisas. Si tiene plantas en el exterior, es conveniente que las entre y las coloque donde les dé el máximo de luz. Temperatura: 17°C. Vigile la posible aparición de babosas en esta época.

– *Paphiopedilum:* manténgalas mojadas, siempre a la sombra y sin abono.

– *Odontoglossum crispum* y *Miltoniopsis* pueden trasplantarse si lo requieren, pues ya se han acabado los fuertes calores. Si *Lemboglossum bictoniense* ha pasado una temporada en el jardín, métala dentro de casa o en el invernadero y riéguela de moderadamente.

– *Phalaenopsis:* si debe trasplantarlas, hágalo ahora. En adelante, manténgalas húmedas y a la sombra. Si utiliza macetas de barro, riegue también las paredes de los tiestos.

– Las *Dendrobium* de invernadero caliente ya han alcanzado la madurez. Los capullos florales se están formando. Mantenga los tiestos húmedos, pero no mojados. Es conveniente que les dé el máximo de luz.

– Para *Dendrobium nobile:* sitúela a plena luz y no utilice abonos.

– Otros: las orquídeas africanas están a punto de florecer. Riegue la lámina de corcho una vez cada tres días. La temperatura diurna debe ser de 25°C y la nocturna de 15°C. *Oncidium varicosum* y todos sus híbridos presentan capullos.

– *Vanda coerulea* y sus híbridos necesitan plena luz. Riéguelos una vez por semana. Las arañas rojas y las babosas siguen siendo un problema. En caso de que las raíces estén en mal estado a causa de un riego excesivo, aplique Fongaride 25 WP.

#### OCTUBRE

Durante este mes las lluvias son abundantes, la insolación disminuye y la calefacción se vuelve imprescindible.

En invernadero caliente: la temperatura diurna oscila entre 21 y 25°C y por la noche es de 18°C, aunque a veces, para combatir la humedad, hay que aumentarla hasta los 20°C o utilizar un ventilador.

En invernadero caliente: de día, de 18 a 21°C; por la noche, 16°C. Intente reducir el nivel de humedad.

En invernadero frío: temperatura durante el día, 12°C y, por la noche, 10°C. Utilice un ventilador para reducir el grado de humedad.

– Para las *Cattleya,* se acercan días sombríos. Riéguelas en función del clima, una vez cada diez días. Ya no es necesario rociar la calle del invernadero y el follaje, pero puede airear las plantas si el tiempo lo permite. Si rocía las hojas, encienda el ventilador. En el interior de una vivienda, las condiciones son diferentes: la calefacción expulsa aire seco, por lo que conviene aportarle humedad a la planta. Dosis de abono: 0,5 g de 20-20-20 por litro de agua.

– En el caso de las *Cymbidium,* éste es el mes de las recompensas. Los tallos florales son visibles, y conviene mojarlos, pero no excesivamente. Ponga las plantas a plena luz y riéguelas con 0,75 g de abono 20-20-20 por litro de agua. Tenga cuidado con las babosas.

– Muchas *Paphiopedilum* están en flor. Si las cultiva en invernadero caliente, manténgalas mojadas; en invernadero templado, húmedas, y en invernadero frío, ligeramente húmedas. No deben rociarse en exceso. Si se presentan problemas de podredumbre en los capullos de alguna planta, aplique 3 g de Zinebe por litro de agua. Mantenga una buena circulación del aire y tenga cuidado con las babosas.

– Las *Phalaenopsis,* que se trasplantaron entre agosto y septiembre, tienen ahora fuertes raíces. Riéguelas con 0,75 g de abono 20-20-20, por litro de agua. A finales de mes, ya no es necesaria la sombra.

– Las *Calanthe* tipo *vestita* presentan capullos o están casi en flor. Hay que disminuir el riego (una vez cada quince días). Las hojas se vuelven de color amarillo pardo y deben cortarse con un cuchillo, pero sólo cuando estén oscuras para evitar las infecciones.

– Otros: la mayoría de las especies han llegado a la madurez. Siga regando moderadamente. Si su invernadero tiene tres compartimentos, traslade *Dendrobium nobile* al invernadero frío. Siga regando las *Lycaste,* pero deje de mojar las *Catasetum, Mormodes* y *Cycnoches.* Vigile las babosas.

#### NOVIEMBRE

Es uno de los meses más oscuros del año. Hay que regular la calefacción de forma sistemática.

En invernadero caliente: de día, entre 20 y 22°C y, de noche, 18°C. La humedad debe mantenerse baja.

En invernadero templado: de día, 18°C y de noche, 15°C. Humedad baja.

En invernadero frío: de día, 12°C y de noche, 9°C. Humedad baja.

Hay que hacer limpieza, quitar las malas hierbas de las repisas y tiestos. Renueve el plástico interior del invernadero. Limpie los cristales para conseguir el máximo de luz y suspenda el rociado de las plantas. Si es necesario, mantenga la humedad de las repisas.

En el interior de la vivienda, prepare las plantas para el invierno. Cambie la grava de los platillos y no las trasplante hasta que llegue la primavera.

– Las *Cattleya* requieren los mismos cuidados que en octubre. Las plantas que aún están desarrollando un pseudobulbo deben estar expuestas a la luz, con objeto de madurar, hasta la floración, que se produce entre enero y febrero. A las otras hay que mantenerlas ligeramente húmedas, lo justo para evitar la desecación de los pseudobulbos. Si mantiene las temperaturas bajas, evite los rociados y los riegos frecuentes. En cambio, si la temperatura es alta, riéguelas una vez por semana.

– En las *Cymbidium,* el trabajo consiste en colocar tutores para los tallos. Vigile la posible aparición de babosas.

– A las *Paphiopedilum* hay que retirarles la sombra y quitar las rejillas. Riéguelas moderadamente sin dejar secas las plantas y suspenda el rociado.

– A las *Phalaenopsis* ya no les hace falta la sombra. Muchas especies empiezan a formar una o varias flores; *Phalaenopsis speciosa* v. *tetraspis,* por ejemplo, ya ha florecido. Debe regarlas por la mañana, una vez por semana, sin mojar demasiado las hojas.

–Otros: las *Odontoglossum* en invernadero frío necesitan plena luz. Si la temperatura durante el día sobrepasa los 15°C, debería airear las plantas. Las *Miltonia* de Brasil deben colocarse en invernadero templado. *Coelogyne cristata* y las *Dendrobium* de Australia se riegan una vez cada diez días, según el tiempo que haga. Los híbridos de *Dendrobium superbum,* de invernadero caliente, deben mantenerse ligeramente húmedos. Las *Oncidium* de invernadero caliente, que echan un brote, deben regarse con normalidad. Evite regar dicho brote. Las *Mormodes, Catasetum* y *Cycnoches* deben mantenerse secas, a la luz. Las *Encyclia* deben regarse una vez cada quince días. Las *Epidendrum* forman un tallo floral que florecerá en primavera y se riegan una vez por semana. En invernadero templado, las *Sobralia* y *Bulbophyllum* deben mantenerse mojadas. *Dendrobium thyrsiflorum, Dendrobium densiflorum, Dendrobium farmeri* y *Dendrobium anosmum* han de mantenerse ligeramente mojadas. Si aparecen manchas negras sobre las hojas, significa que no están lo suficientemente ventiladas y será necesario tratarlas con Zinebe o Eupareen.

La luz artificial, en esta estación, puede servir como aporte de luz adicional, aunque no debe aplicarla más de 12 horas al día.

### DICIEMBRE

En invernadero caliente: temperatura de 20 a 25°C durante el día y 18°C por la noche. Humedad en descenso.

En invernadero templado: de día, entre 16 y 18°C, y de noche, 15°C. Humedad en descenso.

En invernadero frío: de día, entre 10 y 13°C, y de noche, 8°C. Humedad estable. El mes de diciembre es el mes de las recompensas, ya que muchas orquídeas están en flor. En invierno suelen aparecer problemas para muchos aficionados. La calefacción artificial se utiliza todos los días y reseca el aire del interior. Para luchar contra esa falta de humedad, es conveniente regar la calle del invernadero. No riegue las plantas con agua fría en invierno y mójelas con moderación. Las raíces son muy sensibles, tanto a la sequía como al exceso de agua. Los pseudobulbos no deben arrugarse. Una ventilación apropiada crea un buen ambiente, pero la situación también puede condicionar el modo de regar o de rociar el invernadero. Esta observaciones también son váli-

das para las viviendas. Nunca deben airearse las plantas cuando hace frío.
– Para las *Cattleya* se aplica lo mismo que en noviembre.
– La temperatura de las *Cymbidium* debe mantenerse a 15°C. Si la temperatura es demasiado elevada o demasiado baja, los capullos amarillean y caen. El principal enemigo de estas plantas son los ratones, que se llevan el polen de las flores.
– Las *Paphiopedilum* presentan capullos o están en flor. Manténgalas húmedas y no las rocíe.
– En el caso de las *Phalaenopsis,* toda la atención debe centrarse en la temperatura del invernadero o de la vivienda. Las temperaturas que facilitamos son las mínimas que hay que respetar. Riéguelas todas las semanas; en tiesto de barro, una vez cada cuatro días, y siempre por las mañanas, salvo en caso de tiempo nublado o lluvioso.
– Otros: *Dendobrium superbum* y los híbridos de *bigibbum* han terminado la floración en invernadero caliente. Si aún presentan capullos, es probable que éstos amarilleen. Esto es debido a la falta de luz y a la contaminación del aire. Si su invernadero consta de tres compartimentos, traslade *Dendrobium nobile* al más frío durante cinco semanas, para que salgan los capullos. *Oncidium splendidum,* que forma tallos florales, debe mantenerse seca y con mucha luz. *Coelogyne cristata, Coelogyne corymbosa, Coelogyne barbata, Coelogyne flaccida* y *Coelogyne ochracea,* que florecen entre febrero y marzo, deben mantenerse algo mojadas. Hay que tener cuidado con la araña roja.

## *Cómo multiplicar las orquídeas*

### Multiplicación sexuada

En los inicios del cultivo de las orquídeas, sembrar era un problema delicado que no siempre satisfacía las expectativas creadas. Las semillas se colocaban cerca de la planta adulta a la espera de una próxima germinación. En 1899, Noël Bernard descubrió que era necesaria la presencia de un hongo. Los cultivadores de orquídeas de la época cultivaron micelios en probetas y los repartieron entre otras probetas en las que se encontraban las semillas. Este método era poco eficaz, pero en 1920, el doctor Knudson presentó, en una conferencia en la Sorbona, su trabajo sobre la germinación de las semillas de orquídeas en un medio gelatinoso, sin hongos y con sales minerales mezcladas con un 2% de azúcar. En Francia, sus tesis levantaron un gran revuelo entre la comunidad científica, que no admitió los hechos.

Esta técnica se encuentra hoy al alcance de cualquiera. La existencia en el mercado de cajas con soluciones nutritivas listas para ser utilizadas y de cabinas estériles para una o dos personas, permite realizar sembrados completamente estériles. Los frascos Pyrex ya no se utilizan. En su lugar, unas cajas de plástico irradiadas se llenan de agar–agar y, con ayuda de una jeringuilla, se inyectan en ellas las semillas de las orquídeas.

Sin embargo, hay que mencionar que el método empírico de siembra aún lo usa un pequeño grupo de cultivadores de orquídeas que perpetúa la tradición. La Asociación Japonesa de las *Calanthe* dispone de un reglamento que obliga a sus miembros a sembrar las semillas de las *Calanthe* (originarias de Japón) sin ayuda artificial.

### Multiplicación vegetativa

Como todas las plantas superiores, las orquídeas pueden multiplicarse por división. Es el método más simple para añadir nuevas plantas a su colección. Sin embargo, no se debe creer que todo va a florecer en el plazo de un año. Conseguirlo puede llevar algunos años. En cualquier caso, es más rápido que el sembrado, que tarda al menos cinco o seis años.

Algunas plantas, como las *Dendrobium,* producen unos *keiki* (bebé, en hawaiano) en lugar de flores. Se trata de nuevos brotes que, al tener raíces, pueden plantarse en macetas. *Epidendrum ibaguense, Epidendrum cinnabarinum* y *Epidendrum secundum* producen nuevos brotes en los tallos que han perdido ya las flores. Separando por la base cada pseudobulbo y traspasándolo a un tiesto, se obtienen unos brotes que, después de dieciocho meses, están en edad de florecer. Una vez trasplantados, los bulbos substraídos se conservan y pueden desarrollar nuevos brotes. *Coelogyne parishii* y *Coelogyne pandurata* tienen un crecimiento rápido y dan fácilmente varias plantas en dos años. Las *Bulbophyllum* son grandes productoras de pseudobulbos. Pueden dividirse antes de cada trasplante. Las *Vanda* son plantas monopodiales que, cuando alcanzan una longitud excesiva, deben cortarse por debajo de las raíces adventicias y trasplantarse. Algunas *Phalaenopsis* forman una roseta de hojas encima de la planta madre. *Pleione formosana* produce unos bulbillos que, en invierno, se colocan en cajitas. *Spathoglottis plicata* y *Cynorkis anacamptoides,* en invernadero, producen muchas semillas por autopolinización y germinan en todos los tiestos del invernadero. Las raíces de *Phalaenopsis stuartiana,* fijadas a la repisa, desarrollan jóvenes plántulas que pueden trasplantarse en macetas más pequeñas.

Las posibilidades de multiplicación son inmensurables, pero hay que tener en cuenta que el aficionado obtendrá más satisfacciones cultivando plantas grandes.

# Glosario

**Autofecundación:** una flor se autofecunda cuando es su propio polen el que se deposita en su estigma. En general, las semillas que resultan de este tipo de fecundación tienen menos capacidad de adaptación que las semillas producidas por fecundación cruzada. Por eso, es normal que existan mecanismos que impidan la autofecundación. Sin embargo, algunas veces es preferible tener semillas mediocres a no tener semillas.
**Bigenérico:** un híbrido bigenérico es el resultado del cruce entre especies pertenecientes a dos géneros diferentes.
**Bulbillos:** pequeños bulbos que se forman cerca de las flores o en el borde de las hojas.
**Epífita:** una epífita es una planta que vive sobre otra planta.
**Escapo floral**: largo tallo sin hojas que brota de la cepa y lleva las flores.
**Estigma:** parte superior del pistilo (órgano femenino de la flor) sobre la que el polen se queda enganchado para permitir la fecundación.
**Género:** subdivisión de una familia que agrupa especies muy próximas entre sí. El nombre del género es el primero de los dos nombres latinos de una planta.
**Ginostemo:** órgano central, en forma de columna, de las flores de las orquídeas, formado por la soldadura de los estambres y el pistilo.
**Labelo:** uno de los tres pétalos de las flores de las orquídeas. Se diferencia de los otros por su forma, su tamaño, su color...
**Litófita:** planta que crece sobre la roca.
**Monopodial:** las orquídeas monopodiales se desarrollan a partir de un único eje; crecen por el extremo de dicho eje y hacia arriba.
**Pedicelo:** tallo pequeño y muy fino.
**Plurigenérico:** un híbrido plurigenérico es el resultado del cruce entre especies pertenecientes a más de dos géneros diferentes.
**Polinios:** granos de polen aglutinados que forman pequeñas masas cerosas (no pulverulentas), más o menos esféricas.
**Pseudobulbo:** es un tallo hinchado cuya forma recuerda a la de un bulbo.
**Rizoma:** tallo habitualmente subterráneo que crece horizontalmente. De él crecen brotes hacia arriba y raíces hacia abajo. En el caso de las orquídeas, a veces es subterráneo, pero lo más corriente es que crezca en la superficie del soporte de la planta.
**Saprófita:** planta que subsiste gracias a organismos muertos.
**Segundo bulbo:** pseudobulbo viejo, por oposición al del año.
**Simpodial:** las orquídeas simpodiales producen brotes que se desarrollan al lado de los antiguos y no en el extremo de éstos. Por tanto, crecen horizontalmente.
**Sustrato:** soporte de cultivo formado por una mezcla de diferentes productos.

# Bibliografía

J. Thomson, *Proceedings of the 14th World Orchid Conference, 1993*, Glasgow, 1994.

*Proceedings of the 6th World Orchid Conference, 1969*, Sidney, 1971.

Hillerman & Holst, *Cultivated Angraecoid Orchids of Madagascar*, Timber Press, Estados Unidos, 1986.

Roy Lancaster, *Travel in China*, Antique Collector's Club Ltd., Woodbridge, 1989.

*Index periodicarum orchidacearum*, 1975-1985, Édition Charles F. Oertle, Suiza, 1987.

P. M. W. Dakkus, *Beschrijving van orchideeën die in Nederlands Indië gekweekt worden*, Nix-Bandoeng, Antillas holandesas, 1930.

Lance A. Birk, *The Paphiopedilum Growers Manuel*, Pisang Press, Santa Barbara, 1983.

Jindra Dusek, Jaroslav Kristek, *Orchideje*, Editorial Academia, Praga, 1986.

Schweinfurth Charles, *Orchid of Peru*, Fieldiana Botany, Natural History Museum, Chicago, 1958-1961.

Rittershausen Brian y Wilma, *Orchid Growing Illustrated*, Blandford Press, Poole, 1985.

Northen Rebecca, *Home Orchid Growing*, Nostrand Reinhold, Nueva York, 1970.

Comber J. B., *Orchids of Java*, Bentham-Moxon Trust, Royal Botanic Gardens Kew, 1990.

Joseph Arditti, *Orchids Biology: Reviews and Perspectives II*, Cornell University Press, 1982.

Withner Carl L., *The Orchids, a Scientific Survey*, The Ronald Press Company, Nueva York, 1959.

Sander, *Sander's List of Orchid Hybrids, 1895-1995*, Sander's & Sons, St. Albans y RHS, Vincent Square, Londres.

Bockemöhl Leonore, *Odontoglossum. A Monograph and Iconograph*, Brücke Verlag, Kurt Schmersw, 1989

Tsan-Piao Lin, *Native Orchids of Taiwan*, Editorial National Taiwan University, ROC, Taiwan, 1975.

Michel Paul, *Orchideeën in kleur*, Zuidgroep BV, Uitgevers, La Haya, 1985.

Michel Paul, *Orchideeën*, Uitgeversmij. C. A. J. van Dishoeck, Bussum, Holanda, 1963.

Michel Paul, *Orchids*, Merlin Press, Londres, 1963.

Michel Paul, *Orchideeën, zelf kweken en verzorgen in kamer, kas en tuin*, Zomer en Keuning, Wageningen, Holanda,1977.

Dirk Podewijn, *Bibliographie Charles Vuylsteke Sr. et Jr., 1867-1937*, Werkcomité Herdenking Charles Vuylsteke, Bélgica, 1995.

Marcel Lecoufle, *Orchidées exotiques*, La Maison Rustique, 1981.

G. Williams John, E. William Andrew y Arlott Norman, *Guide des orchidées sauvages*, Delachaux y Niestlé, 1988.

Williams Brian et Kramer Jack, *Les Orchidées*, Solar, 1983.

## Revistas

*Brenesia revista de ciencias naturales*, n°37, marzo 1992. Museo Nacional de Costa Rica, San José.

*Orchid Digest*, c/o Robert H. Schuler, PO Box 1216. Redlands, 93272-0402, California, Estados Unidos.

*Orchids AOS Bulletin*, American Orchid Society, Inc., 6000 South Olive Avenue, West Palm Beach, Florida 33405.

*Orchideën*, Deutsche Orchideen Gesellschaft, Manfred Wolff, Bahnhofstrasse, 24a, D-63533, Mainhausen, Alemania.

*Orchids Australia*, PO Box 145, Findon, S.A. 5089, Australia.

*South African Orchid Journal*, PO Box 81, Constantia 7848, Sudáfrica.

*The Orchid Review*, RHS, 21 B Chudleigh Road, Kingsteighton, Newton Abbot, Devon, TQ12 3JT, Inglaterra.

*L'orchidée*, F.F.A.O., Dr P. C. Martin, 159, ter, rue de Paris, 95689 Montlignon.

*L'orchidophile*, S.F.O., 84, rue de Grenelle, 75007 París.

*Malayan Orchid Review*, Ossea, PO Box 2363, Singapur 9043.

# *Índice alfabético*

Las cifras en redonda remiten al texto o a las leyendas.
Las cifras en cursiva remiten a las ilustraciones.

# *Sociedades y asociaciones*

Associació Catalana d'Amics de les Orquídies.
Pº. de San Juan 116, 11º 1ª, E-08037 Barcelona
Tlf. 93-457 11 50

Parque de la Ciutadella, Barcelona.
Exposición anual de orquídeas los días 6, 7 y 8 de diciembre.

Les orchidophiles réunis.
150 rue Vanderborght, B-1090 Bruselas.

Société française d'orchidophilie.
84 rue de Grenelle, F-75005 París.

Société suisse d'orchidophilie, groupe de Romandie.
37 rue Jean Achard, CH-1231 Conches.

# Índice de materias

# *Agradecimientos*

La mayoría de las fotografías de este libro han sido tomadas en los invernaderos de Paul Orchideeën, Oosteinderweg 129 c, 1432 AH Aalsmeer, Holanda.

El fotógrafo agradece sinceramente a Marcel Dumets, apasionado de las orquídeas, las plantas que tan amablemente ha puesto a su disposición.

EVERGREEN is an imprint of Benedikt Taschen Verlag GmbH


Editor: Paul Starosta
Texto: Michel Paul
Fotografías: Paul Starosta
Redacción: Philippe Pierrelée

Traducción del francés:
Mari Carmen Rubio Carmona para LocTeam, S.L., Barcelona
Redacción y realización de la edición española:
LocTeam, S.L., Barcelona
Diseño de la cubierta: Angelika Taschen, Colonia

Printed in Italy
ISBN 3-8228-8036-1
E